超圖解 人才晉升指南

上班族成功晉升關鍵38堂必修課

戴國良 博士 著

從躺平族晉升為人生勝利組

五南圖書出版公司 印行

作者序言

一、本書緣起：

　　作者本人也曾身為一個在企業界任職及在大學裡任教的上班族。對上班族而言，能夠獲得晉升和加薪，是每個上班族最大的心裡盼望、期待與開心的事。

　　回想起 30 多年前，筆者在企業界上班工作，當時年輕時最大的心願，即是晉升＋加薪；當然，能晉升，也必然伴隨著加薪，尤其是晉升為中階及高階主管，其加薪的幅度及金額就更大、更可觀。

　　回顧筆者的企業上班生涯，在 10 年內職稱的晉升快速：從「經營企劃部」及「行銷企劃部」的高級專員→經理→協理→副總經理→策略長等；以及看到別的部門人員的晉升，還有老闆（董事長）對晉升人員的條件／要件說明，再融合本人長期的觀察、分析與思考之後，總結出上班族要想獲得晉升＋加薪的必修 38 堂課。

　　希望本書《超圖解人才晉升指南：上班族成功晉升關鍵 38 堂必修課》有助於年輕上班族或壯年上班族，未來都能獲得順利的人事晉升與加薪，以圓了你們辛苦工作後的人生與工作夢想。

二、本書特色：

　　（一）本書是國內實務上探討上班族「成功晉升」要件的第一本書。
　　（二）本書必有助於各位上班族能順利獲得晉升與加薪。
　　（三）本書是從躺平族晉升為人生勝利組的寶貴一本書。
　　（四）本書是上班族們決定你一生工作生涯的價值所在。
　　（五）本書是超圖解式，易於重點觀看及閱讀吸收。

三、感謝與祝福：

　　本書能夠順利出版，衷心感謝五南出版公司的商業類群主編的大力協助、幫忙，以及無數年輕上班族們的鼓勵與需求，而能使我在漫漫寫作過程中，充滿動能與力量，才能完成此書。

　　最後，祝福各位朋友們、讀者們，都能擁有美好人生旅程與職涯工作的順利、晉升、加薪。謝謝大家，感恩大家，祝福大家。

作者　戴國良

e-mail：taikuo1960@gmail.com
taikuo@mail.shu.edu.tw

目錄

作者序言 iii

第一篇　必修課篇：上班族成功晉升的 38 堂必修課 001

引　言	晉升的全方位意涵	002
第 1 堂	欲晉升者，要對公司有「重大貢獻」或「戰功」	005
第 2 堂	公司應成立「人評會」組織，每年定期審查晉升人員，形成制度化作業	007
第 3 堂	必須「人品」要夠好	009
第 4 堂	「基本專業能力」要夠好	011
第 5 堂	一定要讓長官能夠「放心」及「信賴」	013
第 6 堂	必須要能「終身學習」及「與時俱進」	015
第 7 堂	具備「管理能力」及「領導能力」	019
第 8 堂	必須要有「貴人相助」	022
第 9 堂	具備「不斷成長」與「不斷進步」的潛能	024
第 10 堂	必須要有「創新力」及「創造力」，為公司創造更多營收、獲利及成長性	026
第 11 堂	要經常性且在時效內，「達成長官交待的任務及專案」	029
第 12 堂	必須能「善待部屬」，願與部屬「共同分享利潤」	031
第 13 堂	具備「主動、積極性」，而非被動消極性	032
第 14 堂	凡事都要「做好預備計劃」，以利隨時都能「快速應變」	034
第 15 堂	必須要有「強大執行力」	036
第 16 堂	主管有「遠見」、要能「高瞻遠矚」、更要能「布局未來」	038
第 17 堂	必須對公司有高度的「認同感」及「忠誠度」	040
第 18 堂	自己晉升了，也要培養能接替你工作的優秀「接班人選」	042
第 19 堂	具有「向上目標的挑戰心」	044
第 20 堂	必須要能帶動公司「未來的成長動能」	045
第 21 堂	具備下達「正確決策」的能力	047

第 22 堂	懂得向長官或老闆「自我爭取」得來的晉升	048
第 23 堂	有時候，必須借助「向外跳槽」自我爭取得來的	050
第 24 堂	具備相當資歷：在公司「待得夠久」。除非是「重要、特殊且稀缺」人才	052
第 25 堂	必須能「與他人團隊合作」，而非個人英雄主義	053
第 26 堂	千萬「不要當面頂撞」你的上級長官	055
第 27 堂	必須要有「任勞任怨」的人格特質	056
第 28 堂	「別在背後隨便批評」你的「直屬長官或他部門長官」	057
第 29 堂	必須要「肯講真話」，更「不能報喜不報憂」	058
第 30 堂	對自己的工作及所處行業「永保熱忱」	059
第 31 堂	能夠「謙虛」、「勿驕傲」，更要「以誠待人」，「做人比做事更重要」	060
第 32 堂	「服從你的長官」，但也「不能唯唯諾諾」，老做 Yes Man	062
第 33 堂	必須做到「無私、無我、無派系」	064
第 34 堂	必須能「聽進去」部屬的好意見	065
第 35 堂	每次「開會要準時到」或「提前到會準備好」	066
第 36 堂	要能「協助部屬」解決工作上的難題	067
第 37 堂	要讓部屬們「真心且願意跟隨你」	068
第 38 堂	不要散播公司人、事、物的「八卦小道消息」	069

第二篇 企業案例篇：成功企業家的用人與晉升之道（計 16 個案例） 071

案例 1	全聯超市：林敏雄董事長	072
案例 2	鴻海集團：郭台銘創辦人、前董事長	076
案例 3	香港首富長江實業集團：李嘉誠創辦人	080
案例 4	奇異（GE）日本子公司：安淵聖司前董事長	084
案例 5	台積電公司：張忠謀前董事長	089
案例 6	統一超商：徐重仁前總經理	092
案例 7	城邦／商周出版集團：何飛鵬首席執行長	099
案例 8	日本京瓷集團：稻盛和夫創辦人、前董事長	106

案例 9	愛爾麗醫美集團：常如山總裁	112
案例 10	台達集團：鄭崇華創辦人、前董事長	116
案例 11	日本索尼（Sony）集團：平井一夫前董事長	121
案例 12	日本無印良品公司：松井忠三前董事長	126
案例 13	雲品大飯店集團：盛治仁董事長	129
案例 14	美國 Amazon（亞馬遜）：貝佐斯創辦人	135
案例 15	迪士尼集團：羅伯特・艾格執行長	140
案例 16	聯強國際集團：杜書伍總裁	144

第三篇　總結歸納　　151

一、	上班族成功晉升的「人格特質面」條件	152
二、	上班族成功晉升的「工作表現面」條件	154

第一篇　必修課篇
上班族成功晉升的 38 堂必修課

引言：晉升的全方位意涵

一、晉升的 3 大類

公司組織對員工的晉升，大致可以區分為 3 大類，如下圖示：

圖1　公司對員工晉升的 3 大類

第1類　職稱上的晉升：
1. 助理工程師 → 正工程師 → 高級工程師
2. 行銷助理 → 行銷專員 → 行銷高級專員
3. 助理教授 → 副教授 → 教授

第2類　非主管員工晉升為主管職：
1. 高級工程師 → 升工程部副理
2. 高級行銷專員 → 升行銷部副理
3. 教授 → 升科系主任

第3類　主管級晉升更高主管級：
1. 副理 → 升經理
2. 經理 → 升協理
3. 協理 → 升副總
4. 副總 → 升執行副總
5. 執行副總 → 升總經理
6. 總經理 → 升董事長

二、晉升＋加薪連在一起

公司對晉升人員，經常會跟加薪連在一起，所以，組織內員工都希望多年努力，可以晉升與加薪。如下圖示：

圖2　晉升＋加薪連在一起

1. 經理 → 升協理（每月可能加薪1～2萬元）
2. 協理 → 升副總（每月可能加薪2～4萬元）
3. 副總 → 升總經理（每月可能加薪4萬元～10萬元）
4. 總經理 → 升董事長（每月可能加薪10萬～15萬元）

三、大部分員工，都喜歡晉升主管職務的原因

公司組織內，9成以上大部分員工，都期盼有一天能晉升各層級主管職務，其原因，如下圖示：

圖3　大部分員工，大都期盼有一天晉升主管的原因

1. 因為有主管加給，可以獲得不少的加薪。
2. 因為從此可以管人，而不是長期被管、被指揮。
3. 因為可以脫離固定式、煩人的每天daily日常工作細節。
4. 因為可以做一些比較思考性、決策性、判斷性的更有價值工作。

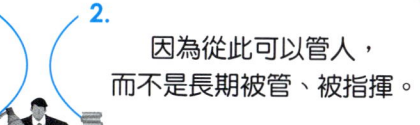

→ 九成以上員工，都期待有一天能晉升各層級主管職。

四、晉升主管職的3種層次

主管職有高、中、低三種層次，如下圖示：

圖4　晉升主管職的3種層次

1.晉升高階主管職：	2.晉升中階主管職：	3.晉升基層主管職：
例如：協理、處長、總監 → 副總經理、廠長 → 執行副總 → 總經理	例如：襄理 → 副理 → 經理	例如：股長 → 組長 → 課長 → 主任

第1篇　上班族成功晉升的38堂必修課

003

引言：晉升的全方位意涵

五、各部門、各工廠最高主管或各長的職稱

圖5　各部門、各工廠、各中心最高主管或各長的職稱

1	總經理	執行長，CEO
2	營業部副總經理	營運長，COO
3	技術部副總經理	技術長，CTO
4	行銷部副總經理	行銷長，CMO
5	人資部副總經理	人資長，CHRO
6	資訊部副總經理	資訊長，CIO
7	工廠副總經理	廠長，CMO
8	研發部副總經理	研發長，CRDO
9	財務部副總經理	財務長，CFO
10	設計部副總經理	設計長，CDO
11	採購部副總經理	CPO
12	品管部副總經理	CQCO
13	外銷部副總經理	CEO
14	物流部副總經理	CLO
15	經營企劃部副總經理	企劃長，CPO
16	戰略規劃部副總經理	策略長，CSO
17	總務部副總經理	總務長，CAO
18	稽核室副總經理	稽核長，CAO

第1堂　欲晉升者，要對公司有「重大貢獻」或「戰功」

一、對公司有重大貢獻或戰功的項目

員工要想晉升職稱或晉升各層級主管者，一定要能夠對公司有長期累積的貢獻或戰功才行；這些項目，包括：

圖1-1　員工對公司有重大貢獻或戰功的項目

1. 對重要IPO上市櫃順利成功有重要貢獻及戰功者。

2. 對重大技術的突破、升值、加值有重要貢獻及戰功者。

3. 對重大銀行聯貸案順利完成有重要貢獻及戰功者。

4. 對國內外重要大客戶爭取（B2B）訂單有重要貢獻及戰功者。

5. 對重大新商品開發且上市成功有重要貢獻及戰功者。

6. 對重大技術與研發，能持續性保持領先競爭對手之重要貢獻及戰功者。

7. 對重大國內外收購、併購順利成功之重要貢獻及戰功者。

8. 對公司重大IT資訊基礎建設完成且升級有重要貢獻及戰功者。

9. 對重大產品製造良率有大幅提升之重要貢獻及戰功者。

10. 能長期累積及建立與大客戶的信任度及良好往來關係之重要貢獻及戰功者。

11. 對公司重大布局未來十年戰略規劃完成有重要貢獻及戰功者。

12. 對公司重大IP智產權維護有重要貢獻及戰功者。

第 1 堂　欲晉升者，要對公司有「重大貢獻」或「戰功」

13 對公司長期如期、如質的製造及供貨給國外客戶，有重要貢獻及戰功者。

14 對公司全方位營運制度化及SOP建置，有重要貢獻及戰功者。

15 對公司優秀人才庫的招聘、建立及培訓，有重要貢獻及戰功者。

16 對公司各方面創新、創造性，有重要貢獻及戰功者。

17 對公司防止弊端發生，有重要貢獻及戰功者。

18 對公司大幅降低成本，有重要貢獻及戰功者。

19 對公司各部門、各工廠、各中心之專業工作，具有主動積極改革、改良、升級、強化等，有重要貢獻及戰功者。

20 對公司在產業界及市場總體競爭力上，具有重要貢獻及戰功者。

第 2 堂　公司應成立「人評會」組織，每年定期審查晉升人員，形成制度化作業

一、「人評會」組織

凡是中大型公司，都會成立類似「人評會」（人事評議審查委員會）的組織單位，其主要目的，是用來對公司各部門、各單位人事的升遷、降級、獎懲等進行評議審查。此組織，係由董事長、總經理、執行副總、各部門一級主管（即：副總經理）及人資部門人員所組成的。

「人評會」組織

- 人事評議審查委員會
- 由董事長、總經理、執行副總及各部門副總經理組成的

評議及審查：人事晉升案、降級案、獎懲案

二、「人評會」的運作

（一）「人評會」由人資部門負責執行秘書的工作，每年一次或每年兩次（半年一次），在固定時間召開各部門員工應「晉升」提拔的人選審查及討論。

（二）各部門、各工廠、各中心均可提供將予以提拔及晉升的候選人名單及晉升的理由，與近幾年來對公司的貢獻及戰功何在。

（三）有關「晉升案」採取舉手共識決，多數同意，即通過；反對者，應舉出反對理由，最後再由董事長做裁決。

（四）「人評會」雖是每年固定時間開會，但遇特別重要人事晉升案時，可臨時加開機動人評會，加以討論特別人事晉升案，以符合實際需求。

第 2 堂　公司應成立「人評會」組織，每年定期審查晉升人員，形成制度化作業

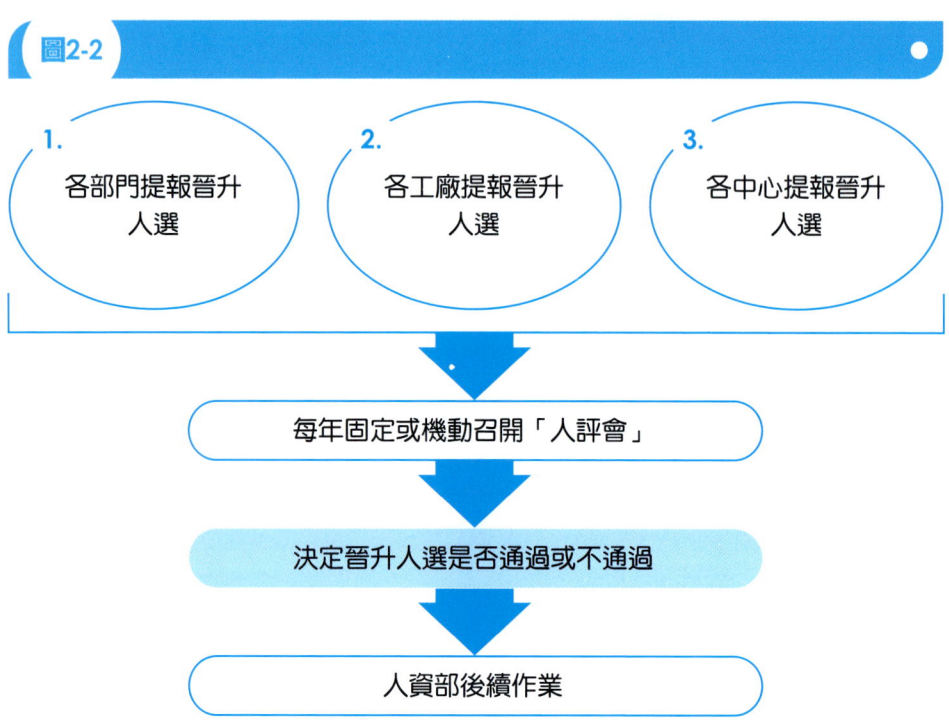
圖 2-2

第3堂 必須「人品」要夠好

一、何謂「好的人品」？

（一）人品，指的是員工個人的品德、操守及品格而言。
（二）好的人品，包括：

圖3-1

「好的人品」要項

正直的、誠信的、謙虛的、遵守法規的、有品德的、不敢做壞事的、不講人家是非、走正道的、正派的、努力的、求上進心的、勤奮的、不怨言的、不爭功的、不搞派系的、不鬥爭的、都為公司好的。

二、何謂「不好的人品」？

（一）不好的人品，包括如下圖示：

圖3-2

「不好的人品」要項

不誠信的、不遵守法規的、低品德的、敢做壞事的、喜講別人是非的、不走正道的、非正派的、不求上進的、不勤奮的、怨言一堆的、喜爭功的、喜鬥爭的、喜組成派系的、都不是為公司好的。

三、結語

（一）凡是公司要晉升提拔的人才或各級主管，首要的，就是：

圖3-3

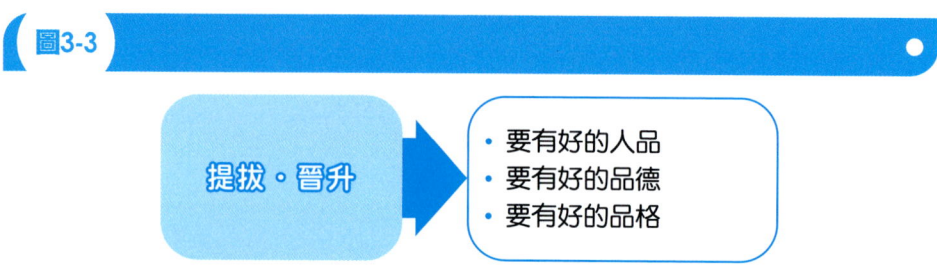

（二）人品，是每個員工、每個人才，很基礎的根基與本性；如果，連這些根基及本性都不好，那如何能提拔晉升這種員工呢？又如何提拔晉升為主管幹部呢？如是這樣，公司終有一天會被這些人品不良的人搞垮的。切記。

圖3-4

第4堂 「基本專業能力」要夠好

一、一家公司有哪些專業能力呢？

公司，就是一個組織體，它是由各種專業人才所組合及團隊合作而成的。因此，各種基本的專業能力都是很必要及重要；所有各種專業能力的組成，就是一家公司整體競爭力的好壞及高低。而一家大公司，大概需要下列各式各樣且多樣化的專業人才，包括：

圖4-1 一家大公司需要多樣化專業能力的人才項目

1 業務（營業）、及銷售人才	2 研發、技術人才	3 商品開發人才
4 設計人才	5 採購人才	6 製造、生產、組裝人才
7 品管人才	8 物流倉儲人才	9 行銷人才
10 售後服務人才	11 會員經營人才	12 經營企劃人才
13 財會人才	14 IT資訊人才	15 法務、IP人才
16 總務人才	17 稽核人才	18 人資人才
19 工程人才	20 建廠人才	21 展店人才
22 發言人、公關人才	23 股務人才	24 ESG人才
25 特助人才	26 門市店人才	27 市場分析人才
28 供應鏈人才	29 外銷人才	30 產業人才

二、晉升的人才，基本專業能力要夠好

（一）公司各部門、各工廠、各中心的員工，基本上都必須要有自己的某一項專業知識、經驗及能力。如果連自己的專業能力、專業貢獻，都不夠好，那要如何進一步晉升他／她們呢？

（二）例如：財務高級專員要晉升為財務部副理，代表此員工在財務工作領域上，有過人的表現及貢獻，而超越同部門的財務人員。

（三）如果要晉升為更高的中高階主管，那就必須再加上他／她們具有「管理能力」及「領導能力」。

圖4-2

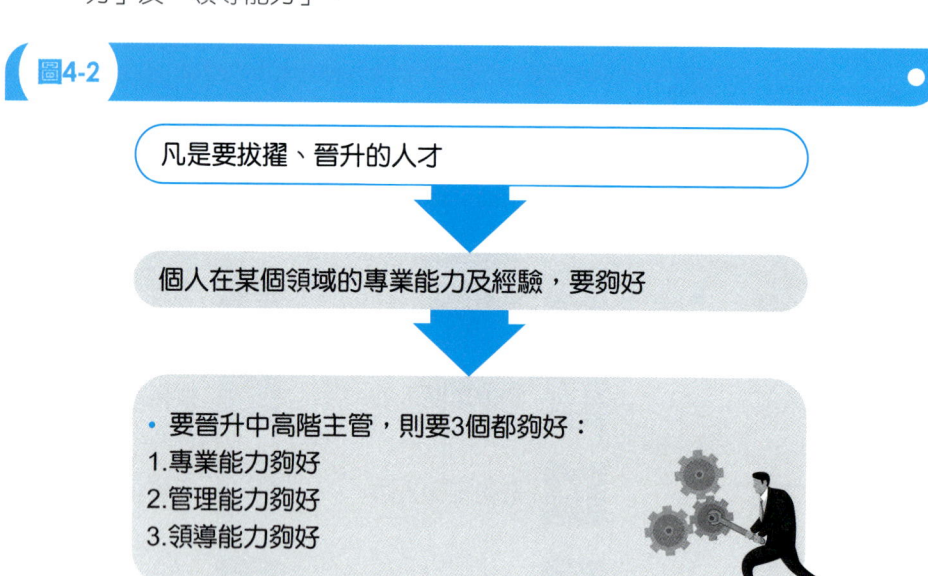

第 5 堂　一定要讓長官能夠「放心」及「信賴」

一、有人能力很強,但不能讓長官放心及信賴

(一) 部門組織內,有一種人,是他的專業能力很強,甚至強過他的直屬長官;但,由於他個人性格因素、個人融合因素、個人作風因素,以及與長官不夠契合、八字不合等因素,故得不到他的上級長官的認同、放心及信賴、信任。

(二) 所以,有時候,有些特質的直屬長官,他挑選的提拔晉升人才,都不是能力最強的部屬,而是跟長官最契合、最合得來、最放心、最信任的二流部屬。

圖5-1

有部屬能力很強

↓

但卻不能讓上級長官放心、信賴及信任

↓

因此,被提拔、晉升的人,都不是能力最強的部屬

↓

總結
長官要提拔及晉升的時候,必定跟長官是契合、最放心、最合得來、最信任的一流或二流部屬

第 5 堂　一定要讓長官能夠「放心」及「信賴」

二、部屬要如何才能得到直屬長官的放心、認同、信任及信賴呢？

圖5-2　部屬如何得到直屬長官的認同、放心、信任及提拔呢？

1 要聽話，絕不要當面頂撞直屬長官，不給他面子。

2 千萬不要背後說直屬長官的壞話，千萬勿批評長官無能或私心。

3 長官交待的事情，每次都能快速、順利完成，讓長官對你辦事放心。

4 部屬個人的專業能力雖非第一名，但也還是可以的第二名。

5 要能長期、多年跟隨直屬長官，專一為他效力、效命。

6 你與長官在工作上、個性上、觀念上、溝通上、作風上，都能夠相契合，很合得來。

7 直屬長官交待再困難的事情，也絕不說不，而是要使命必達。

8 你要讓長官覺得你永遠是他的人馬。

9 你對你的直屬長官及公司也是有貢獻及戰功的。

第 6 堂 必須要能「終身學習」及「與時俱進」

一、「終身學習，與時俱進」的意涵

（一）企業經營，經常面臨國內外大環境的無情變化及改變，企業為了要有應變能力、應戰能力，以及每個想獲得晉升的人才，都必須永遠抱持：終身學習及與時俱進的觀念才行。

（二）終身學習，即表示：在企業上班及工作的每一天，都必須抱持著謙虛學習的心態及意志。如果你在企業做了 30 年，這 30 年的歷程，就是一種終身學習；絕不能有一刻停下來，只要你停下來，不再前進，那就會被其他員工或競爭公司超越過去，你就是落後。

（三）與時俱進，就是指：每個員工都必須與時代共同進步，絕不可以停留在既有的、僵固的、老化的知識、技術、觀念與經驗等。

圖 6-1 終身學習，與時俱進意涵

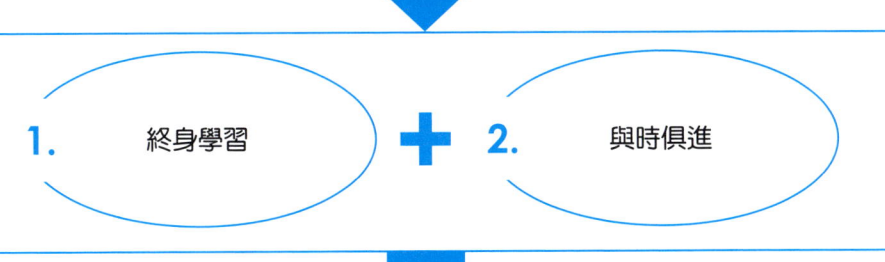

- 你才能被提拔、被晉升
- 你才能有成功的人生

015

第 6 堂　必須要能「終身學習」及「與時俱進」

二、終身學習、與時俱進的五大內容

圖6-2　終身學習、與時俱進的五大內容項目

1. 第一個：
是每個人自身既有的專業能力。例如：財會、人資、製造、採購、銷售、行銷、資訊、研發、新品開發等。

2. 第二個：
是想晉升為各級主管職務的新增能力，包括：領導能力與管理能力。

3. 第三個：
是你所在產業的整個生態系統、供應鏈、人脈的了解與掌握。

4. 第四個：
是國內外大環境變化與改變方向、趨勢的洞悉、應對及掌握。

5. 第五個：
是有關客戶（B2B）、及整個消費市場的變化、應對、洞察及掌握。

三、如何終身學習及與時俱進之 9 種作法

圖6-3　如何終身學習及與時俱進之 9 種作法

1. 每天做中學、學中做
- 要把每一天工作內容，都當成是在認真、努力、用心、勤奮的學習，力求：每天做中學、學中做，這樣，每天就會進步。
例如：把每一場新產品上市記者會，都當成是一個新的學習機會。
例如：把每一次新品牌開發及上市都當成是新的學習機會。

2. 用心出席人資部門安排上課
- 要用心出席人資部門安排內部及外部專業講師的講課，勤做筆記，勤提出問題，要學習到每位專家、學者、顧問的相關專業知識、技能、觀念、作法及能力。

3. 出席外面名人講座

- 自己也可以出席外面名人或實戰專家的講座課程,以吸收自己不太懂的與更擴大性的專業知識、技能及觀念。

4. 自己購買商業書籍來看

- 自己也可以到書店或上網訂購最新的行銷／管理／財經／策略／領導力／企業家自傳等書籍來自我進修,並且思考如何用在自己工作上,讓自己更有效率及效能。

5. 出國參展／出國考察／參訪

- 每年一次要出國參展或出國考察或參訪優良企業,包括:日本、美國、歐洲、中國、印度等市場及產業、公司等,可以使眼界更開闊、更有前瞻性及更可以借鏡進步。

6. 出席各種公司內部重要會議學習

- 儘量爭取公司內部各種重要會議的出席,可以向董事長、總經理、各副總、各廠長、各協理等中高階長官,學習他們的各領域專業知識、好的判斷力、好的口才、好的應答力、好的簡報方式及好的決策力。

7. 自己要親身到第一線市場去看、去問、去聽

- 以前,我在工作上班時候,也經常到第一線的賣場、門市店、工廠去觀察、去詢問、去搜集資料、去做消費者市調、去看競爭對手產品等,更能掌握市場變化。

8. 自己親身赴海外訪問大客戶(B2B)

- 做外銷生意的,一定要每年一次親身赴海外訪問當地國的大客戶採購人員及老闆,去聽取他們的需求、意見及當地市場競爭狀況,才能了解及掌握大客戶的訂單。

9. 自己親身到上游供應商去了解

- 此外,我們也要對上游供應商掌握他們的現況及未來性,也就是要穩定我們的供應鏈的配合能力及變化。

圖6-4 如何終身學習及與時俱進之 9 種作法？

1. 每天做中學、學中做，每天都要成長及進步

2. 用心出席人資部門安排的公司內部課程，向講師學習進步

3. 出席外面名人及實戰專家的講座，以借鏡成長

4. 每月自己購買一本商業書籍來看，一年計12本，也可以使你成長、進步

5. 要定期性出國參展、出國考察及參訪，以擴大視野及了解最新變化

6. 要儘可能出席公司內部各種重要會議，做好會議學習

7. 自己要經常親自到第一線市場、賣場去看、去問、去聽

8. 自己要親身赴海外拜訪大客戶，以了解他們的需求及變化

9. 自己要親身去上游供應商去了解整個生態圈及供應鏈

第 7 堂　具備「管理能力」及「領導能力」

一、想晉升主管職，必先具備管理能力與領導能力

（一）主管職，是不做 daily routine（每天日常工作）細節的工作，那他的工作是什麼呢？那就是要管理好與領導好他們所負責的部門或工廠或中心。

（二）愈高階主管，領導力愈重要；諸如董事長、總經理、營運長、各部門副總經理的工作。

（三）愈中階及基層主管，管理力則愈重要；諸如：協理、經理、廠長、副理、課長、組長的工作。

二、何謂中階主管的「管理能力」？

（一）「管理」的定義：

管理的定義，最簡單的就是指，如下圖示：

圖7-1

（二）「管理」的對象：

而管理的對象，就是如下圖示的 6 項：

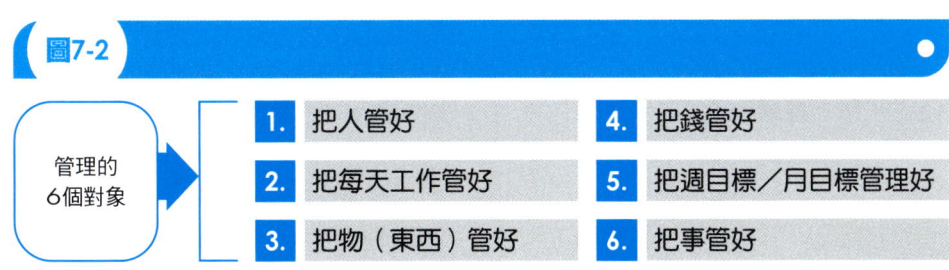

圖7-2

019

第 7 堂　具備「管理能力」及「領導能力」

圖7-3

1. 高階主管
- 領導力愈重要
- 董事長、總經理、營運長、各部門副總經理的工作。
- 中長期工作／任務

2. 中階及基層主管
- 管理力愈重要
- 協理、廠長、經理、副理、課長、組長的工作。
- 短期工作／任務

三、何謂高階主管的「領導能力」？

圖7-4　高階主管應有的 6 項領導能力

1. 短、中、長期事業戰略規劃
能做好公司或集團的短期（3年）、中期（5年）、長期（10年）的事業版圖戰略規劃

2. 使公司能不斷成長與進步
能不斷使公司或集團的事業、營收、獲利、EPS、企業市值不斷向上成長與進步的動能存在。

3. 邁向公司願景
能帶給公司全體員工邁向公司的終極願景，並成為世界級的公司。

4. 走向正確方向及超前布局
能帶領公司及全員往正確方向前進、並能高瞻遠矚，以及超前布局。

5. 能創造公司更高股價及總市值
能領導公司成為產業界的最高股價、最高市值及龍頭地位。

6. 做好／實踐ESG任務
能帶領公司徹底做好環境保護、社會救助及公司治理的ESG世界標準。

四、董事長、總經理、執行長應對儲備晉升高階候選人授課

公司總裁、創辦人、董事長、總經理、執行長,應對每一波的高階儲備主管候選人,加以親自授課,如下 7 項課程的能力養成:

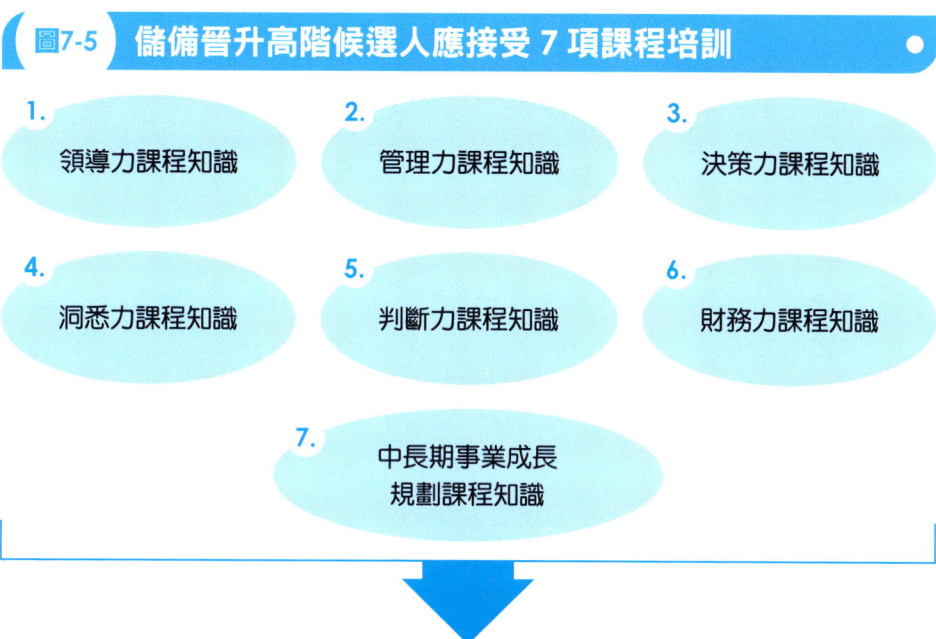

圖7-5 儲備晉升高階候選人應接受 7 項課程培訓

1. 領導力課程知識
2. 管理力課程知識
3. 決策力課程知識
4. 洞悉力課程知識
5. 判斷力課程知識
6. 財務力課程知識
7. 中長期事業成長規劃課程知識

晉升高階主管候選人應具備七項知識

第 8 堂 必須要有「貴人相助」

一、想晉升，必須要有貴人相助

（一）任何員工想要晉升更高一層的主管或職稱，這其中，必須要有貴人相助，如此，才可以比較快速達成。

（二）這些貴人，可能包括三種類：

1. 你的直屬上司、直屬主管，或更高一層主管，他很賞識你，你也為該部門帶來持續性的貢獻、戰功或付出。所以，你的直屬主管（可能是經理級、協理級、副總級、廠長級等），就成為你晉升的必要出現的貴人，來提拔你或晉升你。

2. 你公司的老闆、董事長、總裁、創辦人，很肯定你、很重視你、願意培養你，認為你是未來很有潛力的高階領導人才；所以，你的老闆就是你的必要貴人。

3. 自己就是自己的貴人。意思是說，如果你的工作表現、你對公司的貢獻度，如果不夠好時，那其他的貴人也幫不了你。相反的，如果你的工作表現、績效表現及貢獻度表現，都很優秀的時候，自然水到渠成，你的直屬長官、你的老闆自然也會適時提拔你及晉升你。

圖 8-1　貴人有三種類

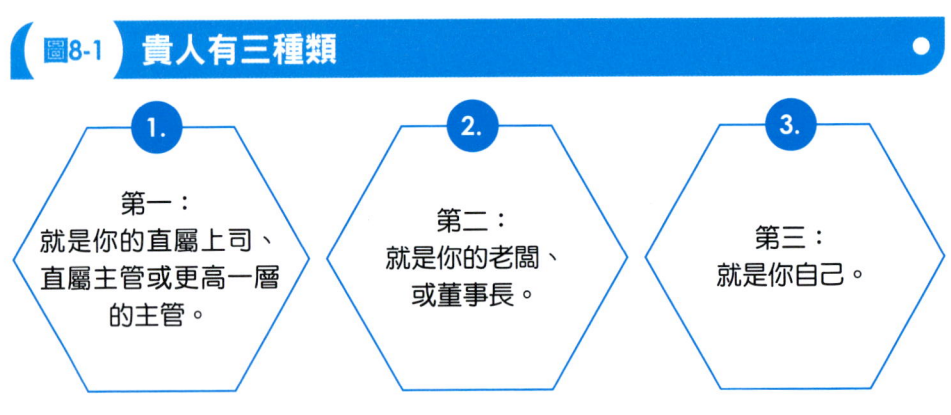

二、要跟你的上級長官相處好一點，成為他的人馬

你的上一級或上二級長官，對你的職稱晉升及加薪多少，絕對有很大關係；所以，做為部屬的你，必須跟你的各級長官相處好一些、和諧一些、契合一些，使他們願意信任你，並當成是他們可以交辦重要事情或晉升的優秀人馬之一。

圖8-2

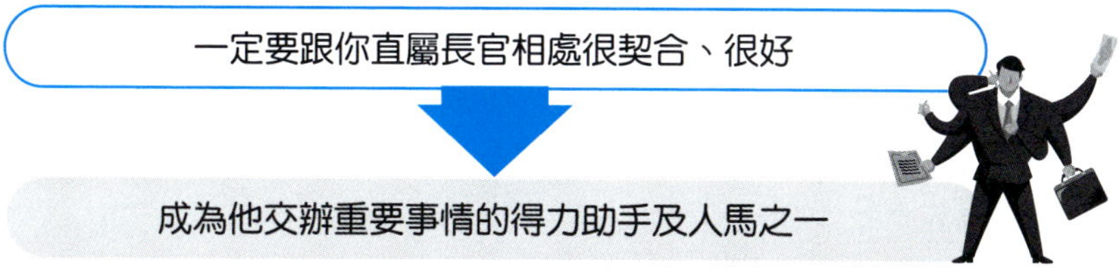

一定要跟你直屬長官相處很契合、很好

↓

成為他交辦重要事情的得力助手及人馬之一

第 9 堂 具備「不斷成長」與「不斷進步」的潛能

一、不斷成長與持續進步的潛能

（一）任何公司要晉升或提拔一個人的條件之一，就是這個人，在自己的工作上或團隊合作工作上，是不是能表現出他的不斷成長與持續進步的潛能（潛在能力與主動積極性）；因此，想要晉升的部屬，你一定要對自己的工作及自己的專業上，甚至跨領域能力上，永保不斷成長與持續進步，讓你的直屬長官看得到，並給你肯定及讚賞，那你就晉升有望。

（二）相反的，有些部屬就是不願意、不想、不積極追求成長與進步，面對這種在原地不前的員工，自然不可能給他們晉升。

能被直屬長官提拔及晉升的

必是能不斷成長與持續進步的有潛能部屬

二、不斷成長與持續進步的 6 大領域

如下圖示：

圖9-2　部屬能不斷成長與持續進步的 6 大領域

1. 自己既有的事業本領與能力上。
2. 自己所負責的工作表現上。
3. 對自己部門的貢獻度及戰功上。
4. 對自己的年度個人KPI績效上。
5. 跨越領域、多元化專業知識與能力的培養上。
6. 對公司所涉及產業及市場的知識、經驗及技能上。

↓

永保持續成長與進步的潛能

第 10 堂　必須要有「創新力」及「創造力」，為公司創造更多營收、獲利及成長性

一、創新力及創造力的重要性

（一）企業要長遠經營下去，並且追求再成長，絕對不能夠一直靠著既有的、固有的經典產品而已，一定要記得要求部屬們及全體員工們，永遠追求不斷的「創新力」（innovation）及「創造力」（invention），才能持續性推出令人感到新鮮的、驚豔的、革新性的、新一代的好產品、優良產品、明星產品及爆量產品出來。如果，部屬們或主管們，能保持這種成功的創新力及創造力，必會得到被拔擢及晉升的機會，這是毫無疑問的。

圖 10-1

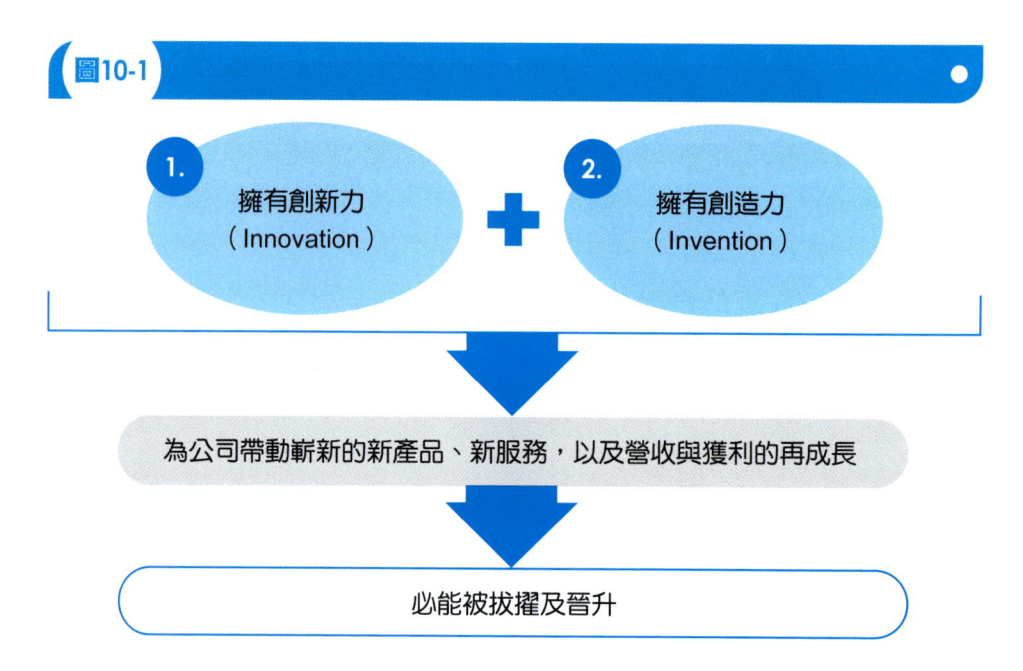

1. 擁有創新力（Innovation）
+
2. 擁有創造力（Invention）

↓

為公司帶動嶄新的新產品、新服務，以及營收與獲利的再成長

↓

必能被拔擢及晉升

二、創新力及創造力的成功案例

圖10-2 展現創新力及創造力的成功案例

1. 7-11超商的 CITY CAFE	2. 特斯拉（Tesla）的電動車	3. 臉書公司的 FB/IG/threads
4. dyson吸塵器	5. 台積電的 3/2/1奈米先進晶片	6. 變頻及冷暖兩用空調機
7. 洗衣機＋烘乾機兩用	8. 和泰汽車週邊事業（車貸、租車、車子保險）	9. 王品餐飲的28個品牌
10. 寬宏／必應創造演唱會、展演會	11. chatGPT生成式AI	12. AIPC（華碩、宏碁）
13. AI伺服器（鴻海、廣達）	14. 有線電視台的13個新聞台	15. 寶雅美妝連鎖店
16. 大樹連鎖藥局	17. Apple的iPhone智慧型手機	18. Google關鍵字搜尋
19. YouTube影音平台	20. Netflix串流影音	21. D＋AF女鞋連鎖店

三、部屬們從何下手創新力及創造力？

如下圖示：

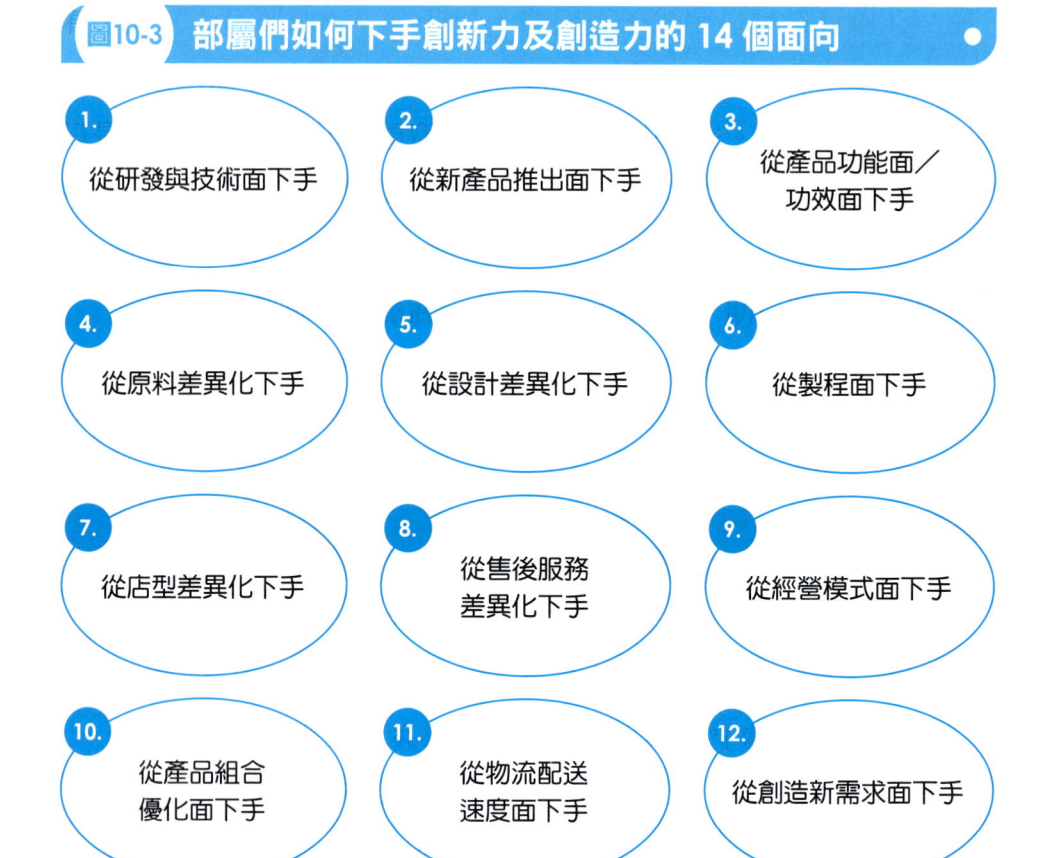

圖10-3　部屬們如何下手創新力及創造力的 14 個面向

1. 從研發與技術面下手
2. 從新產品推出面下手
3. 從產品功能面／功效面下手
4. 從原料差異化下手
5. 從設計差異化下手
6. 從製程面下手
7. 從店型差異化下手
8. 從售後服務差異化下手
9. 從經營模式面下手
10. 從產品組合優化面下手
11. 從物流配送速度面下手
12. 從創造新需求面下手
13. 從創造新市場面下手
14. 從成立多家子公司面下手
15. 從集團資源整合面下手

第 11 堂　要經常性且在時效內,「達成長官交待的任務及專案」

一、在時效內,達成直屬長官交待的任務及專案

(一) 部屬們要獲得上級長官的信任、信賴、讚美及賞識,有一個要件很重要,就是:對於上級長官交待的任務、工作及專案,必須要經常性的、在要求時效內,加以如期、如質完成才行。

(二) 如果上級長官交待的事情,不能在時效(時程)內完成,那就會引起上級長官對你的能力及效率性抱持不信任及疑慮感,從此以後,更不敢對你交待重要的任務及託付,那他也不會提拔你的晉升機會。

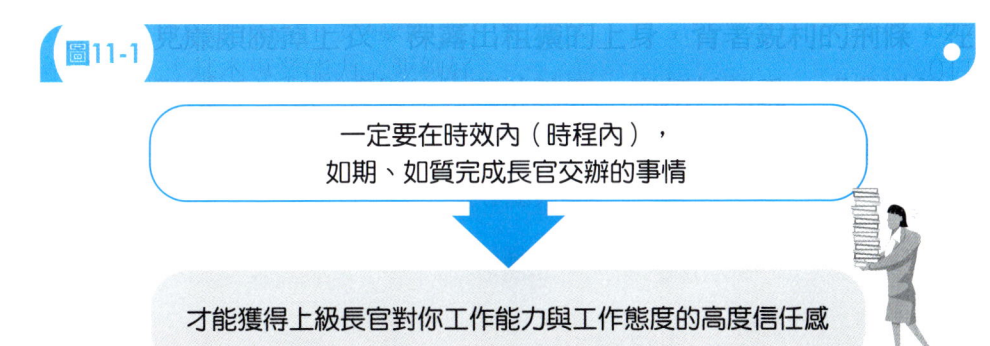

圖 11-1

一定要在時效內(時程內),
如期、如質完成長官交辦的事情

↓

才能獲得上級長官對你工作能力與工作態度的高度信任感

二、更好的是:要超前時效完成

(一) 部屬們最好是快馬加鞭、不眠不休,發揮勤奮精神、超前時效的完成上級長官的交辦事項;如此,更會引起上級長官的信任感更加深及更多的託付;長期下來,你的晉升就會如願實現的。

(二) 所以,超前時效、高效率、高效能,這 3 個特質,部屬們一定要牢牢記在心裡頭,成為放在你日常工作上的首要思維及要求。

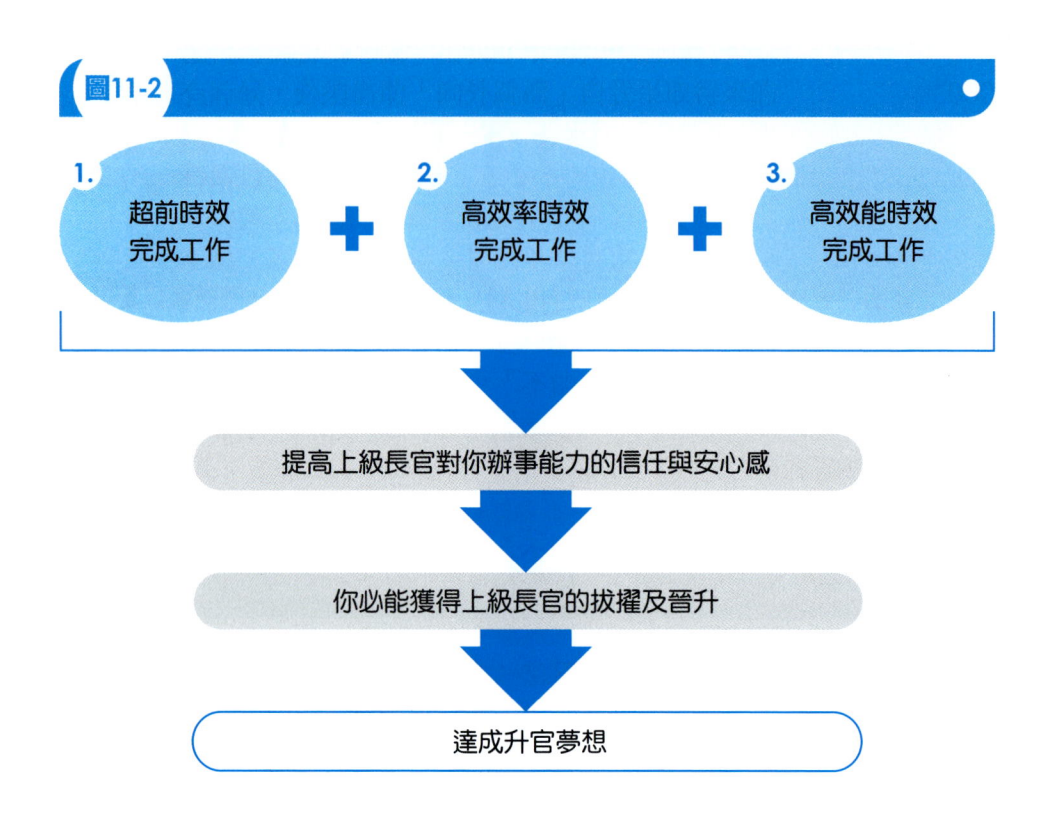

第 11 堂　要經常性且在時效內,「達成長官交待的任務及專案」

圖11-2

1. 超前時效完成工作 ＋ 2. 高效率時效完成工作 ＋ 3. 高效能時效完成工作

↓

提高上級長官對你辦事能力的信任與安心感

↓

你必能獲得上級長官的拔擢及晉升

↓

達成升官夢想

第 12 堂　必須能「善待部屬」，願與部屬「共同分享利潤」

一、要善待部屬

已經做到基層或中階主管的人，如果想再晉升更高階的主管，則必須善待部屬，絕不能對部屬太苛求、太過分、太極端、太不公平；反而，應該要善待他們、關懷他們、關心他們、協助他們，才能贏得他們的心，以及願意接受你的領導及管理，你的部門才會有好績效出來，如此，你才能再晉升為更高階的主管。否則，你太苛刻部屬，這種聲音耳語，都會流傳到、反應到最高主管董事長及總經理那邊去，那你就升官無望。

二、願與部屬共同分享利潤

公司如果每年都有賺錢，做為高階管理團隊的人，必須更慷慨的拿出公司的獲利，以各種獎金（例如：全員分紅獎金、全員績效獎金）與部屬們共同分享，而不是只有一群高階主管們獨享而已；這樣也會引起部屬們的不滿情緒，對公司、對高階管理團隊更無向心力。

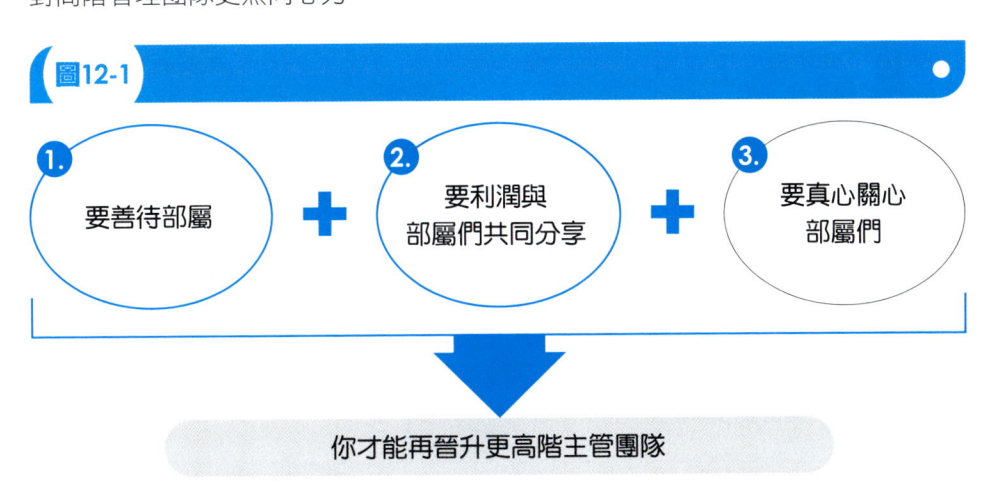

圖12-1

1. 要善待部屬 ＋ 2. 要利潤與部屬們共同分享 ＋ 3. 要真心關心部屬們

↓

你才能再晉升更高階主管團隊

第 13 堂　具備「主動、積極性」，而非被動消極性

一、想晉升的人才，必須具備主動積極性

我個人在 20 多年前曾帶過行銷企劃部、經營企業部及策略長，底下部屬都是 MBA 企管碩士，但這些部屬的最大缺點之一，就是缺乏「主動積極性」，他們都是等待長官交代工作及任務才會去做事。似乎很少部屬會主動跟我說他想做些什麼對公司有益的事情與工作，這是很可惜的。

二、主動積極些什麼事？

那麼，部屬們可以主動積極些什麼工作呢？而這些工作對公司是有益的：

圖13-1　部屬們可以主動積極些什麼事呢？

1.	對公司營收與獲利成長有益的工作。	2.	對公司降低成本有益的工作。
3.	對公司增加產品附加價值有益的工作。	4.	對公司增加多元收入有益的工作。
5.	對公司打造強大品牌力有益的工作。	6.	對公司增強市場競爭力有益的工作。
7.	對公司增加國內外客戶有益的工作。	8.	對公司技術升級及突破有益的工作。
9.	對公司併購案有益的工作。	10.	對公司IPO上市櫃有益的工作。
11.	對公司提高市占率有益的工作。	12.	對公司新產品開發有益的工作。
13.	對公司代理國外品牌有益的工作。	14.	對公司中長期事業布局計劃有益的工作。

三、部屬們普遍被動性的缺點

如下圖示：

圖13-2 被動的缺點

1. 會失掉外在環境變化中的新商機。
2. 無法及時應對外在環境變化中的新威脅。
3. 會使公司的發展性、營收性、獲利性停留在原地不前。
4. 會使公司的整體競爭力慢慢衰退。
5. 會使公司的創新活力慢慢消失。
6. 會形成在公司得過且過的不好企業文化。
7. 會使員工的向上目標挑戰性喪失。

四、結語

公司組織內優秀人才或有潛力人才或想得到晉升的人才，都應具備：

隨時的、隨地的主動積極性

才會真正對公司有重大貢獻及戰功的。

圖13-3

部屬們必須改掉過去：被動性、消極性的不好習性

↓

- 堅持、永保隨時的、隨地的主動積極性
- 如此，整個公司才會更進步、更成長、更有競爭力

第 14 堂　凡事都要「做好預備計劃」，以利隨時都能「快速應變」

一、做好預備計劃，隨時都能應變

要想晉升的人才，凡事都必須做好預備計劃，以利隨時都能快速應變，才不會到時手忙腳亂，造成公司的損失或不利點。

圖 14-1

做好預備計劃，隨時都能應變

↓

晉升人才的必備條件之一

二、應變計劃之案例

圖 14-2　應變計劃之案例

1. 市場／經濟景氣不振，銷售下滑之應變計劃。	2. 強大競爭對手進入市場，瓜分市場之應變計劃。	3. 國外大客戶原有訂單數量，分散到不同供應商之應變計劃。	4. 市場上新冒出來的品牌太多，且又低價行銷，大大影響我們銷售業績之應變計劃。
5. 新技術突破，帶來對既有產品銷售受影響之應變計劃。	6. 全球伺服器均轉向升級的AI伺服器發展之應變計劃。	7. 因應全球地緣政治變化及中美兩大國對抗激烈升高之應變計劃。	8. 因應主力競爭對手加大電視廣告投放之應變計劃。

三、結語

凡事，能夠狡兔三窟，隨時備好計劃，才是值得公司提拔晉升的優秀人才。

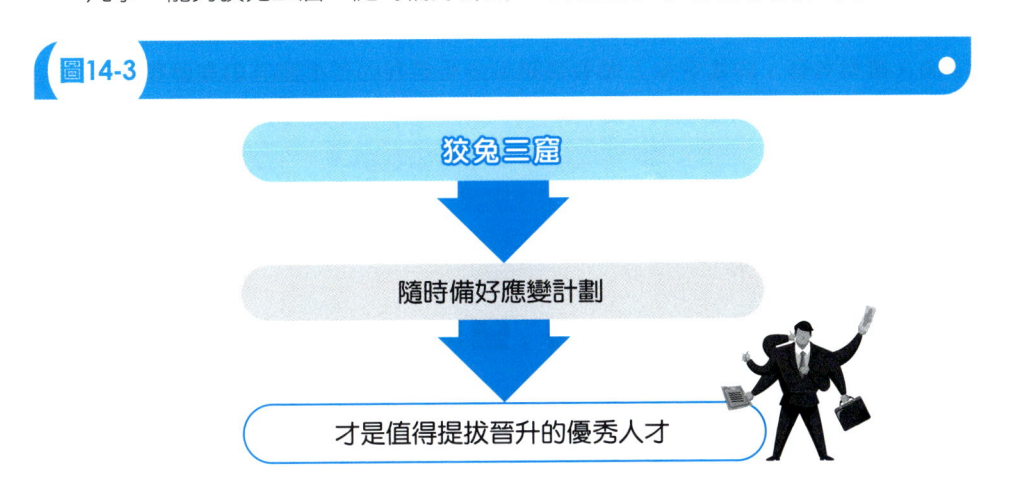

圖14-3

狡兔三窟
↓
隨時備好應變計劃
↓
才是值得提拔晉升的優秀人才

第 15 堂　必須要有「強大執行力」

一、有強大執行力的人才，才值得晉升

企業營運，重視的不只是會做計劃書，更重要的是要去「落實執行」及「如期完成」或「加速提前完成」。有些人才，很會計劃力、很會說話，但執行力卻不行，這些都不是晉升的優秀人才。

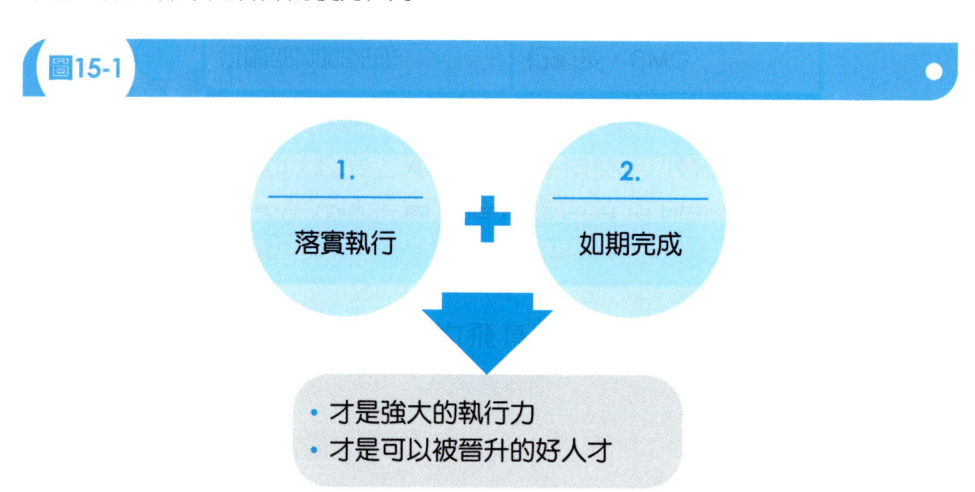

圖 15-1

1. 落實執行 ＋ 2. 如期完成

→
- 才是強大的執行力
- 才是可以被晉升的好人才

二、強大執行力的企業案例

〈例 1〉台積電公司：

台積電赴日本熊本設晶片工廠，僅花一年多時間，就很快速完成建廠，比美國亞利桑那州廠更快完工；並且開始生產晶片；其在海外建新廠的強大執行力及快速度，是很成功且令人敬佩的。

〈例 2〉鴻海公司：

鴻海赴中國深圳、河南鄭州及赴印度設立 iPhone 組裝工廠，也都很快速在短時間內完成，正是展現鴻海一直以來被人稱讚的強大執行力。

圖15-2

1. 台積電	2. 鴻海
赴日本設晶片製造工廠	赴中國深圳、鄭州及赴印度設立iPhone組裝工廠

↓

都展現強大且快速的執行力，如期、如質完成建廠！

三、強大執行力，代表一種超高效率與超強效能的企業真實力

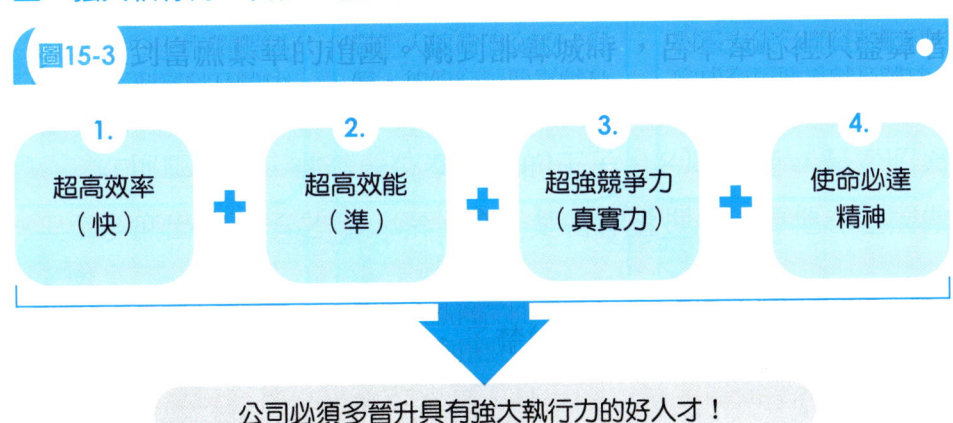

圖15-3

1. 超高效率（快） ＋ 2. 超高效能（準） ＋ 3. 超強競爭力（真實力） ＋ 4. 使命必達精神

↓

公司必須多晉升具有強大執行力的好人才！

四、縝密計劃力＋快速執行力兩者搭配，才最完美

最佳的公司是能達到：

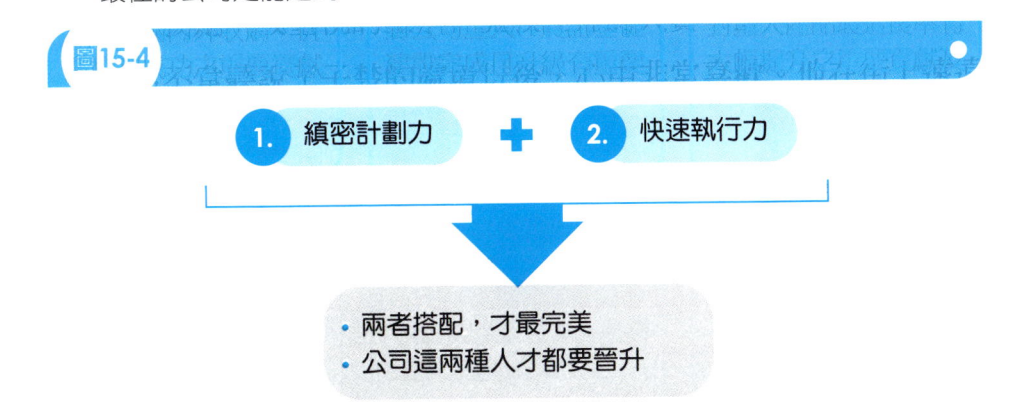

圖15-4

1. 縝密計劃力 ＋ 2. 快速執行力

↓

- 兩者搭配，才最完美
- 公司這兩種人才都要晉升

第 16 堂　主管有「遠見」、要能「高瞻遠矚」、更要能「布局未來」

一、公司要提拔／晉升具遠見，且能高瞻遠矚，更能布局未來的優秀人才

（一）任何公司，大部分 90％以上的人才，都忙於今年度營收與獲利預算目標的達成工作。這當然很重要，因為如果做不好現在及今年的預算，那未來怎麼會好呢？

（二）但是，公司也要預留 10％的高級人才，這些人才要有遠見，要能布局未來的事業，以持續公司的成長性；這種高級人才更必須加以提拔及晉升。

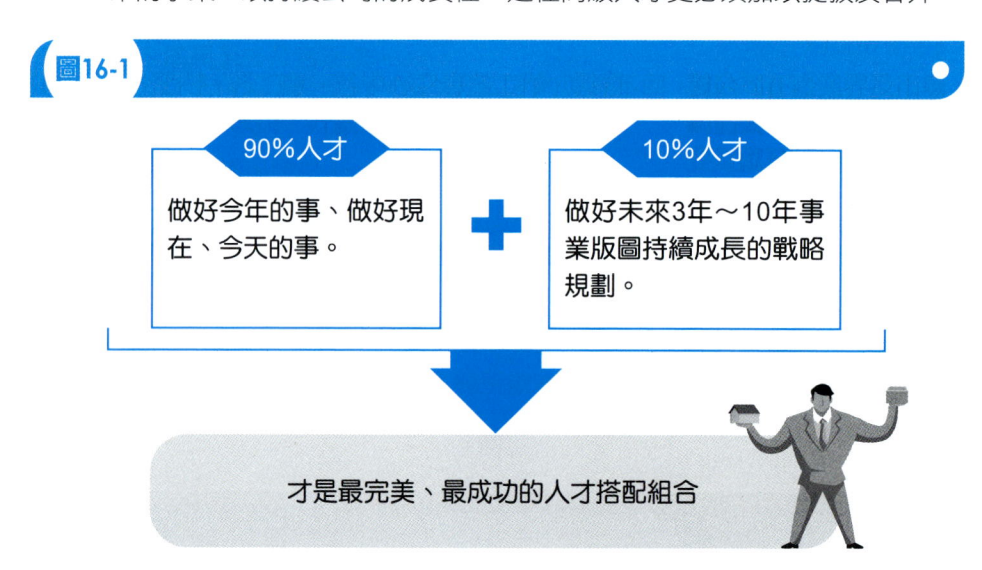

圖16-1

90％人才	＋	10％人才
做好今年的事、做好現在、今天的事。		做好未來3年～10年事業版圖持續成長的戰略規劃。

↓

才是最完美、最成功的人才搭配組合

二、哪些人才要有遠見呢？

圖16-2　企業組織內，哪些人才要有遠見？

1. 高階主管團隊（各部門、各工廠副總經理以上的人才）。

2. 經營企劃部或戰略規劃部的高級幕僚人才。

3. 董事長室／總經理室的特別助理高級人才。

4. 「未來新事業推動委員會」的高階人才。

5. 「公司中長期事業發展戰略委員會」的高階人才。

第 17 堂　必須對公司有高度的「認同感」及「忠誠度」

一、對公司要有高度認同感及忠誠度，才能晉升

（一）凡是不認同公司、不與公司站在一起的人才，怎能晉升呢？不夠忠誠度，會為了較高薪水而跳槽的員工，怎能晉升呢？所以，要能認同公司且對公司及長官忠誠的人才，才能加以晉升及拔擢。

（二）因為，有高認同感及高忠誠度，才能長期在公司工作下去、奮戰下去，其貢獻也才更能長期累積出來。

（三）不夠認同公司的員工，表示對公司的企業文化、組織文化、長官決策模式及發展方向，都有很大歧見，這種員工如何晉升呢？

（四）至少得在公司工作 10 年以上，才算有忠誠度及認同感，只工作 1～2 年是看不出來的。

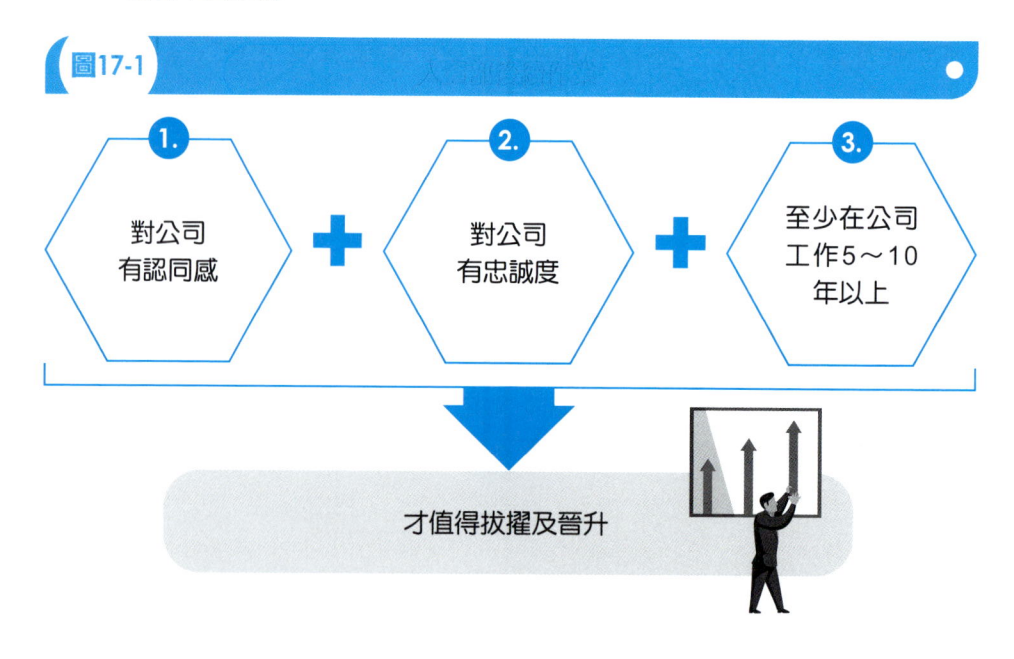

圖17-1

1. 對公司有認同感 ＋ 2. 對公司有忠誠度 ＋ 3. 至少在公司工作5～10年以上

→ 才值得拔擢及晉升

二、日本上市大公司每兩年都做一次員工認同度大調查

日本在東京上市大公司，每兩年大都會做一次全體員工對公司的認同度大調查，其認同比例，大致在 70％～ 80％之間；最佳的幸福公司、好公司，大致可以提升到 90％～ 100％之間。

圖17-2

日本上市大公司每兩年度做一次
全體員工對公司認同度大調查

↓

- 平均大都在70％～80％之間
- 幸福公司及最優良公司，平均可提升到90％～100％之間

第 18 堂　自己晉升了，也要培養能接替你工作的優秀「接班人選」

一、自己晉升了，也要培養能夠接替自己的好人才

（一）以前，我工作每逢要晉升的時候，老闆或長官常會問我：如果晉升你當高階主管，你的中階主管工作有沒有人才，可以接替起來？有沒有培養候選人才？有沒有可推薦的好人才？

〈例如〉

我是協理→要晉升副總經理，常被問有沒有培養接替原協理位置的候選好人才？

圖18-1

擔任主管職的人，晉升了，你是否培養出能夠接你班的好人才？

⬇

才是負責任的心態與有制度化的公司人資運作

二、有培養接替人選，才算負責

（一）在公司董事長及總經理的眼裡，你有培養接替你的候選人，才算負責任，可使原有工作不會中斷掉，此種人才，才可以晉升為高階主管。公司必須制度化，每位主管必須培養出代代都有人才可立即接替上手的接班人才行。

（二）有些中、高階主管怕自己被底下能幹的人取代，故意不培養接替人選，或不用、不找太能幹的部屬，這些都是錯誤的思維，此種員工不應晉升為中、高階主管。

圖18-2

有些位居中、高階主管職的，因為怕自己被底下能幹的人取代

↓

故意不培養優秀接班人才，這些都是不負責任的，不能再晉升為更高主管職務

三、大公司都會有代理人制度建立

　　以前，我在大公司經常收到人資部門發出的填寫單，即：當你不在或當你晉升時，你的第一代理人及第二代理人是誰？要具體寫出來，並且要你評價出這兩位代理人的優秀人才等級是：特優級或優級或尚可級的詳細記錄表單；這就是大公司人資制度化的重要一環。

圖18-3 大公司都建立主管職代理人制度化運作

某主管職人選更高升

↓

- 填寫：你的第一代理人選及第二代理人選是誰？
- 填寫：你要推薦誰接班上來你的位置？

↓

務必使公司主管職，代代都有優良人才接班

第19堂　具有「向上目標的挑戰心」

一、很多人缺乏「向上目標挑戰心」的意志力及作戰力

（一）很多做營業、業務性質或營運性質工作的人，都非常保守，不敢訂下每年較高成長率的業績目標或訂單目標或銷售目標；其深怕達不成，會影響年度考績結果。此種缺乏「挑戰心」的員工，也不太值得加以晉升。

（二）公司及各部門、各工廠、各中心應該要晉升及提拔具有勇於向上目標挑戰心的優秀人才。

圖19-1

缺乏「向上目標挑戰心」特質的員工

⬇

不值得加以提拔及晉升

二、缺乏「挑戰心」員工的缺點

圖19-2　缺乏「挑戰心」員工的缺點

1. 公司整體業績會停留在原點，很難再向上成長。

2. 公司市占率也不再成長。

3. 公司可能被其他有潛力競爭對手超越。

4. 塑造出一種大家都不敢向上成長的不好企業文化。

5. 造成大家得過且過的心態，公司競爭力會衰退。

第 20 堂　必須要能帶動公司「未來的成長動能」

一、被晉升者，必須要能帶動公司未來的成長動能

（一）營收、獲利、EPS、股價、ROE、企業市值等均能夠持續成長，是公司最重要的使命目標與努力方向。

（二）被晉升為公司各層次的中、高階主管，均必要有充分能力及企圖心，促進上述各項目標的持續性成長、長期性及穩定性成長。

圖 20-1

被拔擢晉升為中、高階主管者

↓

均必須要能帶動公司未來營收、獲利、EPS、股價、ROE、企業市值的不斷成長

二、持續保持成長的優良企業案例

圖 20-2　能持續保持成長的優良企業案例

1.	台積電	2.	鴻海集團	3.	廣達
4.	緯創	5.	統一企業集團	6.	統一超商
7.	寶雅	8.	全家超商	9.	王品餐飲
10.	和泰集團	11.	台灣P&G	12.	momo電商
13.	全聯超市	14.	台灣好市多Costco	15.	大樹藥局連鎖
16.	華碩	17.	聯發科	18.	金仁寶集團

第 20 堂　必須要能帶動公司「未來的成長動能」

三、能帶動成長動能的晉升者條件

圖20-3　能帶動成長動能的晉升者條件

1. 必須有充分能力。
2. 必須有高度企圖心。
3. 必須有十足挑戰心。
4. 必須有正確的方向、策略及想法。
5. 必須有高度遠見及洞悉力。
6. 必須有團結合作的堅強人才團隊。
7. 必須有強大執行力。

第 21 堂　具備下達「正確決策」的能力

一、想要晉升主管的人才，必須擁有正確決策的能力

想要晉升各層次主管的人才，因為必須經常要做出正確的決策事項；因此必須擁有此種能力及經驗才能提拔及晉升。

圖21-1

想要晉升中、高階主管的人才
↓
必須具備能下達正確決策的能力與經驗

二、如何養成下正確決策的能力呢？

如下圖示的 6 種能力養成：

圖21-2　如何養成下正確決策的能力呢？

1. 平常就應多讀書、多看書、多看財經商管雜誌，多充實各領域的知識及常識。

2. 每天多累積各方面工作上的實戰經驗、實務經驗，從多次經驗中，累積日後下決策能力。

3. 多參加公司內部主管會報，以及多觀察老闆和中高階主管們，如何下決策的思考角度、想法及作法。

4. 多出國參加大型全球性展覽會，多出國訪察產業、市場及大客戶的現狀及未來變化及說法。

5. 多傾聽底下部屬或下級主管們的專業意見、觀點、看法及建議，然後，綜合後，再下決策。

6. 平常多搜集相關決策的充分資訊、資料、數據等儘量做出具科學化的好決策出來。

047

第 22 堂　懂得向長官或老闆「自我爭取」得來的晉升

一、作者本人的以往經驗

（一）就作者我本人記憶所及，三十多年前，我工作歷經的職稱是：

董事長特別助理→經理→協理→副總經理→策略長等，至少有一半的職稱，都是我當時寫信（註：當時尚未有 e-mail）向公司最高領導人董事長爭取，才得到晉升的。

（二）尤其是，當時我對公司有重大戰功成果及重大貢獻時刻，我就立即向董事長表達晉升的盼望及需求；然後，每次就能順利得到更上一層的晉升。

二、4 種向上表達希望晉升的管道

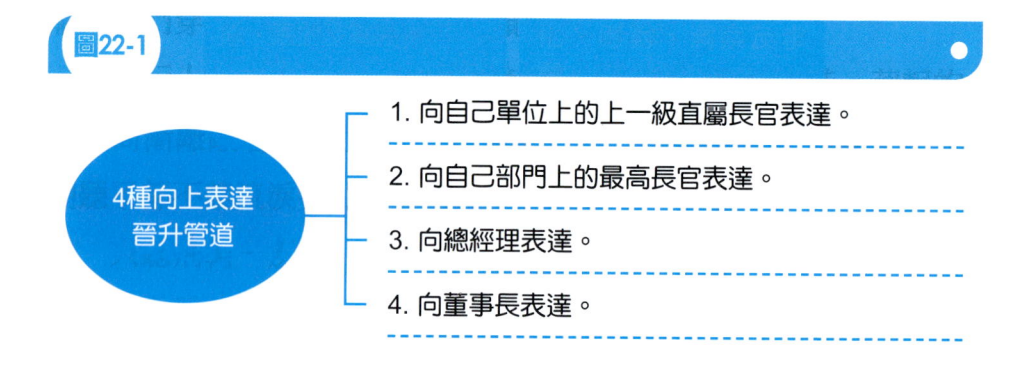

圖22-1

4種向上表達晉升管道
1. 向自己單位上的上一級直屬長官表達。
2. 向自己部門上的最高長官表達。
3. 向總經理表達。
4. 向董事長表達。

三、大型公司已有制度化升遷管道

（一）但現在，凡是大型公司都已建立制度化每年晉升的機制；即：每年召開「人評會」（人事晉升評議會議），由人資部主辦，各部門、各工廠、各中心，有要晉升的人選，都可以提出來，在此會議上評議、討論及決定是否可以晉升。

（二）另外，更開明的公司，董事長及總經理也可能開放寫 e-mail 給這兩位最高主管向上請求。

圖22-2

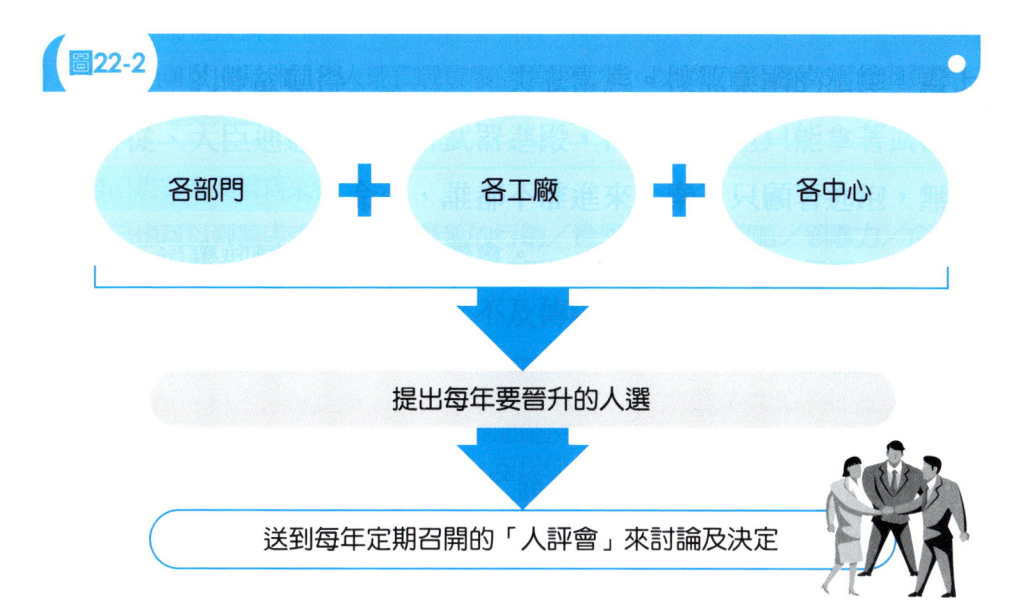

各部門 ➕ 各工廠 ➕ 各中心

⬇

提出每年要晉升的人選

⬇

送到每年定期召開的「人評會」來討論及決定

第 23 堂　有時候，必須借助「向外跳槽」自我爭取得來的

一、有幾種狀況，不得不跳槽其他，以利爭取晉升

三十多年前，作者我本人剛企管碩士畢業，前面兩年，我都在五家中小企業找到工作，薪水雖還可以，但是，總覺得不太有未來發展前途；後來，第三年，終於找到比較大型的企業，才從此定下來，一做就是十多年；之後，再轉到大學去教書，企業界改為兼顧問職。下面，有幾種狀況，是上班族不得不跳槽其他公司，以爭取晉升的職稱、職務，如下圖示：

圖 23-1　6 種狀況，年輕上班族不得不跳槽其他公司爭取晉升及加薪

1. 公司太小，主管職的職位不多，且被老員工卡住了，想晉升很難。

2. 得不到直屬主管的賞識及良好契合，也不屬他的人馬，想晉升很難。

3. 公司未來發展及成長前景不佳，不值得長期待下去。

4. 公司獲利太少，又不IPO上市櫃，年薪也不高，晉升也無望，不值得待下去。

5. 公司組織派系很多，組織鬥爭很激烈，晉升也無望，不值得待下去。

6. 公司太老化了、是老公司、很僵化，對年輕人不友善，很難晉升，不值得待下去。

圖23-2

如在不好的公司或晉升無望的公司

↓

就要想辦法跳槽到更好的公司或是可以晉升的好公司去工作上班。

二、如在好公司或好的上市櫃公司，就不要任意跳槽

（一）相反的，你現在如果在好公司、幸福企業、中大型公司或好的上市櫃公司，就不要再任意跳槽到其他公司去了；只要你好好多待個幾年，以及你對公司有具體貢獻、戰功、有用處，遲早會晉升到你的。

（二）例如：台積電、鴻海、聯發科、富邦金控、國泰金控……等好的高科技公司、金融／金控公司、傳統產業的龍頭公司或零售業／服務業第一名公司等，均值得長期待下去。

圖23-3

如在好公司、大公司、或上市櫃公司或幸福企業

↓

- 就不要再跳槽到其他公司。
- 好好多待個幾年，最後會晉升的。

第 24 堂　具備相當資歷：在公司「待得夠久」。除非是「重要、特殊且稀缺」人才

一、至少 5 年～ 10 年在公司裡的工作年資

（一）凡是想晉升職稱或晉升為主管的人才，要記住，在大公司裡，年資也是一項必要條件。

（二）如果只是短短在公司裡工作 1 ～ 2 年的年資，算是很短的；至少在 5 ～ 10 年才算久。

（三）你的年資久，你的老闆或直屬主管自然會主動想到你、提拔你、晉升你的。但是，你該有的基本專業能力、貢獻度及戰功，這些還是必要的。

（四）俗稱「滾石不生苔」，戲棚下待久，就是你的，所以，有時候必須耐心等待，遲早會輪到你晉升的。

圖24-1

滾石不生苔

- 戲棚下待久了，就是你的。
- 5～10年的年資，有時候也是晉升的要件之一

第 25 堂　必須能「與他人團隊合作」，而非個人英雄主義

一、公司營運，是多個部門團隊合作，方能成型的

任何一家公司，其營運能夠順暢或成功，必然是多個部門、工廠、中心團隊合作而形成的，絕非單一個人英雄主義就能成大事的。如下圖示：

圖25-1

1. 營運部門
- (1) 研發／技術部
- (2) 新品開發部
- (3) 設計部
- (4) 採購部
- (5) 製造部
- (6) 品管部
- (7) 物流部
- (8) 銷售部/展店部
- (9) 行銷部
- (10) 會員經營部

＋

2. 幕僚支援部門
- (1) 財務部
- (2) 人資部
- (3) 企劃部
- (4) 資訊部
- (5) 法務部
- (6) 總務部
- (7) 稽核室
- (8) ESG部
- (9) 董事長室
- (10) 總經理室

↓

公司才能順暢、成功

053

第 25 堂　必須能「與他人團隊合作」，而非個人英雄主義

二、要晉升的人才，必須要能與他人團隊合作之特質

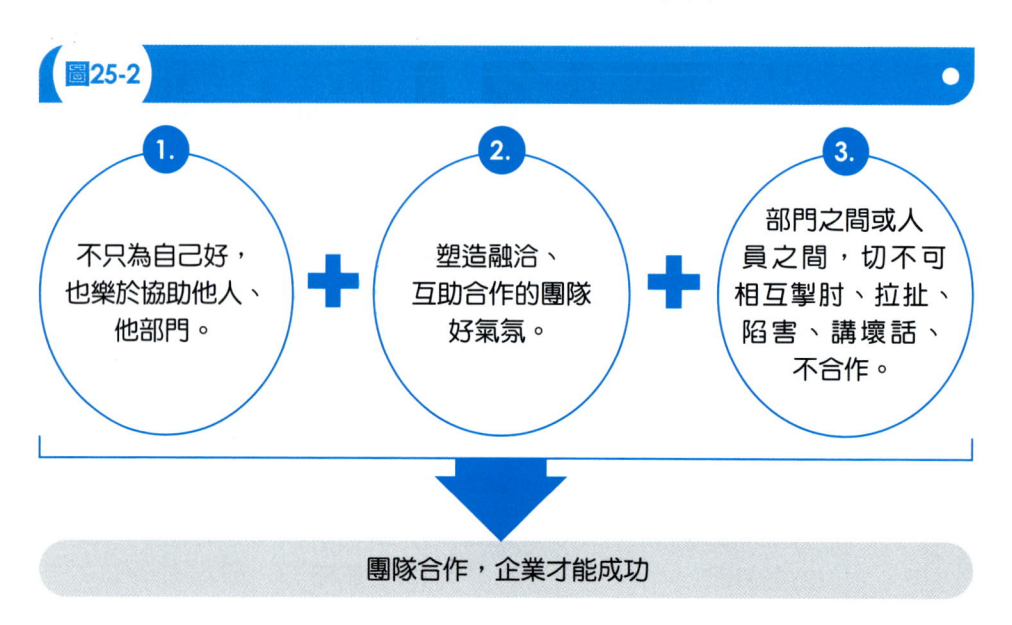

圖 25-2

1. 不只為自己好，也樂於協助他人、他部門。

＋

2. 塑造融洽、互助合作的團隊好氣氛。

＋

3. 部門之間或人員之間，切不可相互掣肘、拉扯、陷害、講壞話、不合作。

↓

團隊合作，企業才能成功

第 26 堂　千萬「不要當面頂撞」你的上級長官

一、千萬不要當面頂撞你的直屬長官

（一）做部屬的，千萬不要當面頂撞你的直屬長官或上級長官，這會使他沒面子及難堪，也很難下台。如此，你將很難被提及晉升。

（二）甚至，上級長官可能把你的年終考績打最低，甚至趕走你到其他部門或趕出此公司，叫你立即離職。

（三）所以，除非你已不想待在此部門或此公司；否則，千萬要忍下來，不要當面頂撞你的直屬長官或回嘴他，切記！切記！

圖 26-1

做部屬的，千萬不要頂撞或回嘴你的上級長官

- 否則，你將晉升、加薪無望
- 切記，絕對要忍耐下來

- 除非你已找到更好的公司去
- 除非你已可以轉調其他部門

第 27 堂　必須要有「任勞任怨」的人格特質

一、被晉升的人才，必須要有「任勞任怨」的特質

（一）上級長官或更上級長官，無論交待如何困難的或不是你該做的工作，你都應該發揮「任勞任怨」的精神，努力去把那些工作做完、做滿、做好。

（二）任何長官都喜歡能夠任勞任怨特質的員工，這表現出這種員工人才，具有「耐操性」、「耐用性」及「強度韌性」，必會「使命必達」的好人才。

（三）尤其，是必須長時間工作的；例如：有些高科技公司爆肝工作的研發工程師，經常要一天兩班制或三班制的上班，更是必須任勞任怨。

（四）或是像電視台的新聞部，有些早班 6 點新聞及晚間 11 點新聞，其主播或攝影師、工程師、製作人，均必須早上四、五點就起床要上班；或是晚上 12 點才收工的。

（五）你若能任勞任怨，如此長久好幾年下來，長官一定會疼惜你，將你晉升及加薪的。

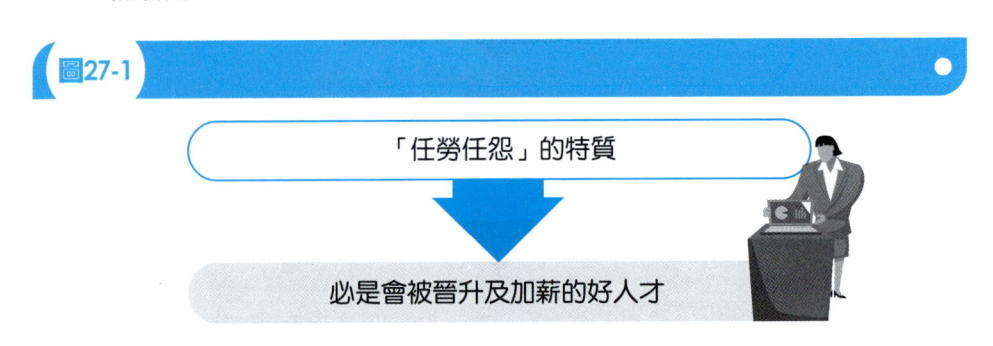

圖 27-1

「任勞任怨」的特質
↓
必是會被晉升及加薪的好人才

第 28 堂 「別在背後隨便批評」你的「直屬長官或他部門長官」

一、不要在背後隨便批評自己的長官或其他部門長官

（一）在公司裡面，經常有人在背後，批評、亂罵自己的直屬長官或其他部門長官，這些話最後都會傳到他們的耳朵裡；此時，你就會被長官列入他的黑名單；你就很難翻身，想晉升、想加薪就更不可能。

（二）即使你聽到同仁們在批評你的直屬長官壞話，你千萬也不要附和或火上加油，否則你也會被列入黑名單；最好是立即走開，不要聽、不要附和、不要加入；自己做好自己的工作，不要涉入這種對直屬長官或他部門長官的人身攻擊。

圖 28-1

千萬不要在背後，批評你的直屬長官

⬇

那你就永無晉升與加薪了！這是很忌諱的事情！切記！

二、長官有 3 點紅線，不要去做

企業組織內，你的直屬長官有 3 點紅線，是不要去做的，如下圖示：

圖 28-2 長官有 3 點紅線，不要去踩它

1.	2.	3.
不要在背後，對你的直屬長官批評或講壞話	不要當面頂撞或質疑你的直屬長官	不要在眾人面前，立即不假辭色的反對直屬長官的決策，這會讓他沒面子

第 29 堂　必須要「肯講真話」，更「不能報喜不報憂」

一、對長官要肯講真話，更不要報喜不報憂

（一）在公司裡，有少數長官喜歡聽些好聽的、虛假好消息的非真話，包括業績、市場、客戶、競爭對手等訊息。但畢竟這種長官還是少數的。

（二）面對日益競爭激烈的時刻，做部屬的更要堅持要講真話，更不可報喜不報憂，這會使長官下決策錯誤，而使公司受傷害，到最後追究起來，那些專門報喜不報憂及講假話的員工或部屬仍會被究責及處分的。

（三）因此，切記，大多數長官或直屬長官還是要對他既報喜也報憂，或對他講真話，他才能做出對的決策與指示出來，這樣，對公司才是有利的。

圖 29-1

對長官要肯講真話，更不能報喜不報憂

- 你才有晉升與加薪的機會
- 長官才會做出對的決策出來

第 30 堂　對自己的工作及所處行業「永保熱忱」

一、要對工作，永保熱忱

（一）有很多上班族，在同一家公司或同一個職務上，做久了，難免會出現對工作失掉了當初年輕剛進來公司工作的熱忱或熱情；變得士氣有點低落、或熱忱消失，變成每一天都是得過且過，也失去了對工作的創新性、創造性與挑戰心；這些人都不是會獲得再晉升的員工。

（二）所以，一定要永保對工作、對公司、對行業、對自己的那份初心與那份高度熱忱感，才會被不斷拔擢晉升的。

圖30-1

不論工作多少年，都要對工作永保那份熱忱

↓

有熱忱，才會對公司有持續性、長期性的真貢獻

二、如何永保對工作的熱忱與熱情？

圖30-2　上班族如何永保對工作的初心及熱忱？

1.	自己的心念改變，重回第一天報到上班時的心態與熱忱。
2.	要抱持不斷向上晉升的意志，就會永保工作熱忱。
3.	要有樂在工作的心態，自己每天勉勵自己，絕不能失掉當初的熱忱之心。

第 31 堂　能夠「謙虛」、「勿驕傲」，更要「以誠待人」，「做人比做事更重要」

一、做人比做事，更重要

（一）不管你位居高階、中階或基層，都永遠要保持謙虛且勿驕傲的心；尤其，當你對公司有戰功、有卓越貢獻、有常被老闆誇獎／讚美或加薪／晉升之時；更必須保持一顆謙虛的心，更不能驕傲，好像比別人高一等感覺，也不要有個人英雄主義。

（二）要以誠待人，即要以誠心、誠意、恭敬、恭誠、信用的態度來對待別人的意思。

（三）在公司裡，往往會感受到做人成功，反而比做事成功更重要；有不少人很會做事、很專業，但做人卻是失敗的。

圖 31-1

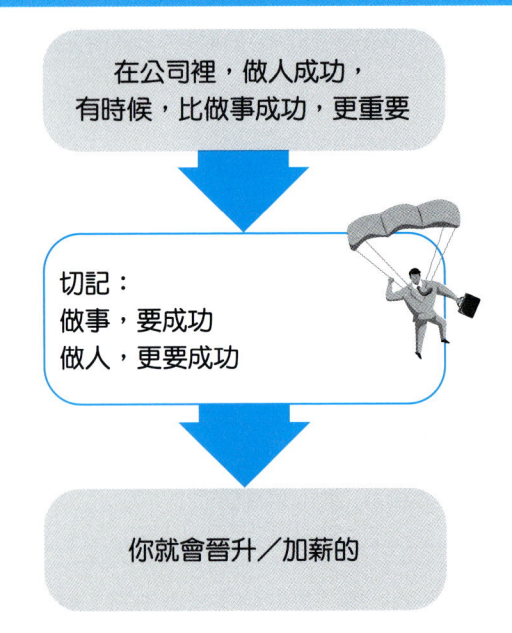

在公司裡，做人成功，有時候，比做事成功，更重要

↓

切記：
做事，要成功
做人，更要成功

↓

你就會晉升／加薪的

二、結語

在公司裡，凡是：謙虛的人、以誠待人的人、做人成功的人；反而比較容易受到上級長官的賞識而提拔晉升的。

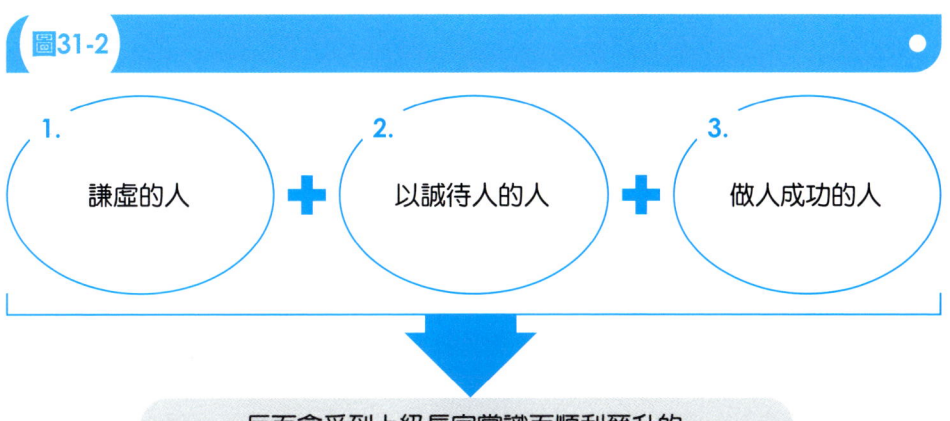

圖31-2

1. 謙虛的人 ＋ 2. 以誠待人的人 ＋ 3. 做人成功的人

↓

反而會受到上級長官賞識而順利晉升的

第 32 堂 「服從你的長官」,但也「不能唯唯諾諾」,老做 Yes Man

一、對上級長官,要有服從性,不能意見太多

(一)通常,大部分長官晉升或提拔的人選,都是部門內服從性較高的部屬,而不會提拔不同意見太多,或總是唱反調、不服從的部屬,切記。

(二)因為,你若不同意見太多,會令你的長官很沒面子、很難堪,以及他要怎麼做長官呢?

(三)千萬要記住,服從總比不服從要好很多;即使你有很多不同意見,但也要忍下來;或看長官的心情,下次再跟他委婉表達他的意見是哪裡不可行或不適當的;給他一點面子,然後,再建議應該如何做較好。

圖32-1

```
面對上級長官,開會時:
        ↓
要有服從性,不能意見太多!
不能當著眾人面否定他的決策,或質疑他!
        ↓
服從比不服從要好些,切記!
```

二、雖要有服從性，但也不能完全是唯唯諾諾，完全做一個 Yes Man

（一）但是，在企業組織實務上，也有些長官也不喜歡及晉升一個完全 100% 是唯唯諾諾，完全做一個 Yes Man，而沒有一點獨立思考性與具備良善建設性意見的部屬。

（二）部屬的一些好想法、好意見、好建議、好點子、好創意，也是可以在適當的時間、適當的地點、適當的方法，加以向長官表達出來，長官也有可能會接受部屬的看法及意見，而認為你是一個有主見、有能力、為部門好的得力部屬，最後，反而會晉升你。

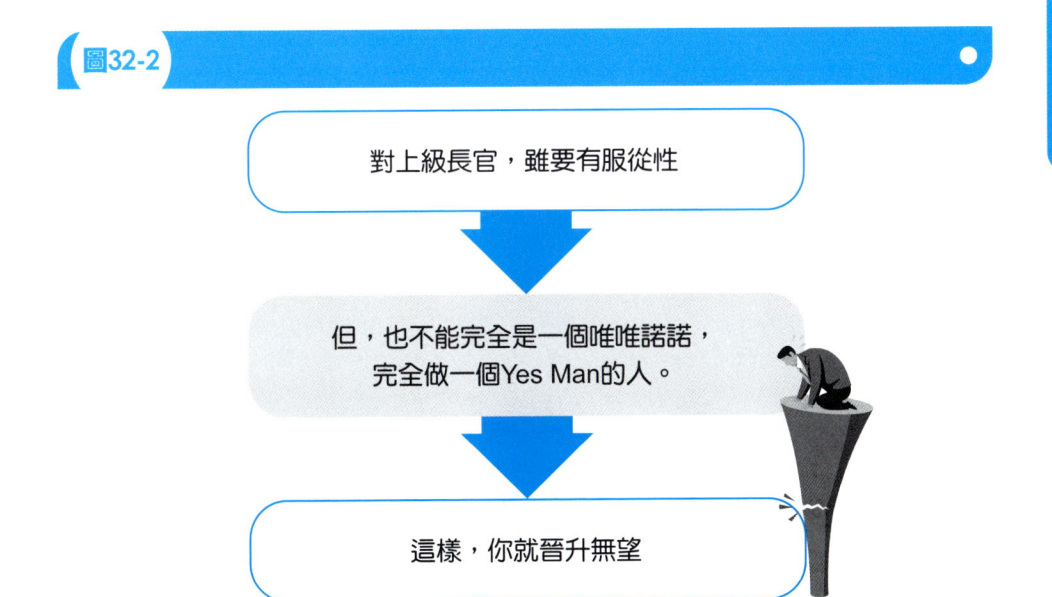

圖32-2

對上級長官，雖要有服從性

↓

但，也不能完全是一個唯唯諾諾，完全做一個Yes Man的人。

↓

這樣，你就晉升無望

第 33 堂　必須做到「無私、無我、無派系」

一、努力做到無私、無我、無派系，才能被晉升

在企業實務上，很多各級主管，幾乎很難做到下面所述的三無，即：

（一）無私：沒有一點私心及偏心，對任何人、任何事，都能公平且公正。

（二）無我：沒有一點為自己好或圖利自己或把自己放在最好，以及總是只為自己，這都是不好的。無我，就是先不要想到自己先好、自己有利可圖。

（三）無派系：組織內，絕對不能有派系，有派系就會爭寵、就會鬥爭、就會不團結，就不是好公司。

（四）總之，具備無私、無我、無派系的主管或部屬，才能被公司提拔及晉升。

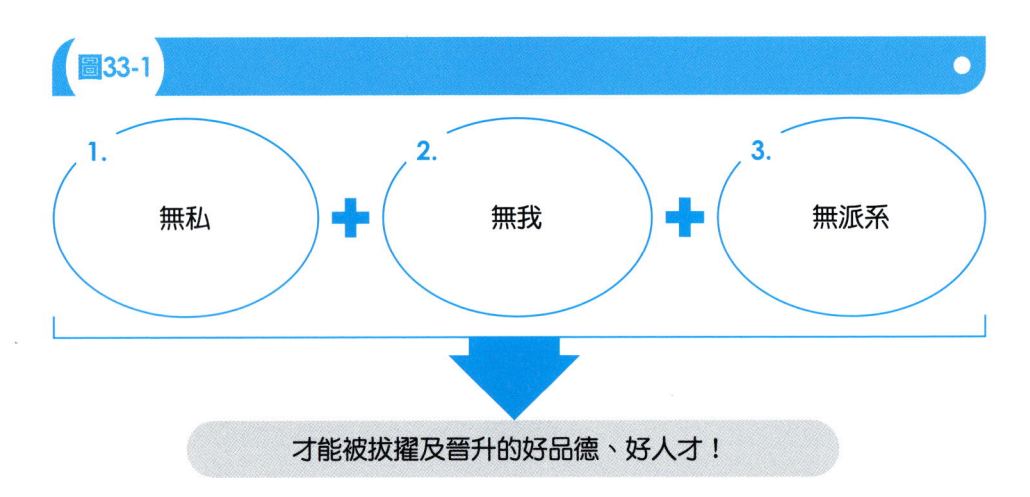

圖 33-1

1. 無私 ＋ 2. 無我 ＋ 3. 無派系

↓

才能被拔擢及晉升的好品德、好人才！

第 34 堂　必須能「聽進去」部屬的好意見

一、要晉升為主管的人才，必須要聽得進去部屬的好意見

（一）在企業實務上，有些主管是比較獨斷或專斷型的，或是愛面子型的主管；這一類主管是比較不易，也不想聽部屬們不同意見的，即使是好意見，他也不認為是好意見的。

（二）但，其實，任何一位長官或主管，也不是全能或萬能的；因此，應該要博諮眾議，先聽取部屬們的好意見、好想法、好作法、好策略、好方向；然後參考之後，再結合自己想法與判斷；最後，主管再做最終的裁示及決定。

（三）這樣的主管，深受部屬的肯定及認同，必能再向上晉升拔擢的，也可以說是一位好主管。

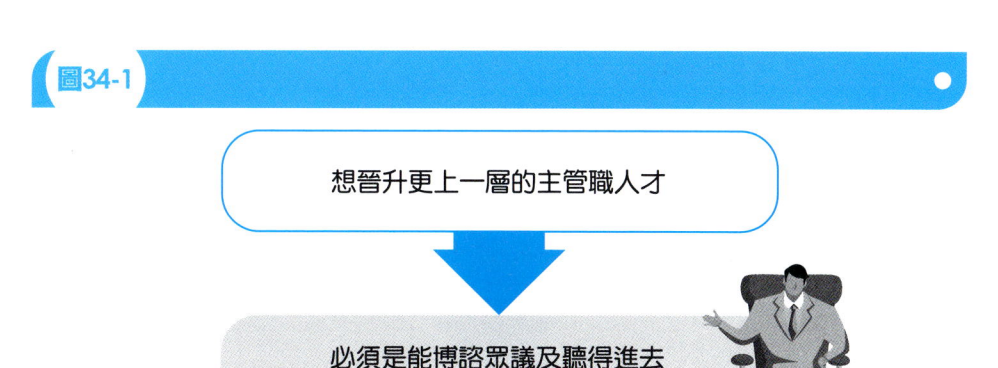

圖34-1

想晉升更上一層的主管職人才
↓
必須是能博諮眾議及聽得進去部屬們好意見的優秀主管

第 35 堂　每次「開會要準時到」或「提前到會準備好」

一、公司開會要準時或提前到會

（一）我在學校教書 25 年，經常看到期中考、期末考，有些學生經常遲到 10 分鐘、20 分鐘、30 分鐘才到，我都不讓他們進來考試，也都當掉他們，使他們必須重修。這種學生連必修課的考試，都不重視時間守時的觀念，隨隨便便，這種人將來到了公司上班也必然總會遲到的；怎麼給他晉升呢？怎麼提拔做主管、做表率呢？

（二）我也曾在中大型公司做過 15 年的工作，也經常看到有些主管或部屬遲到開會；連董事長、總經理都已經來了，他們卻仍未到，此種人，如何讓公司晉升提拔他們呢？

（三）總之，做事不牢靠、開會不準時，也是一種不負責任的心態及壞習慣，絕對不能晉升及提拔這種人。

圖 35-1

公司開會，經常遲到的主管及部屬

↓

- 絕對不能提拔及晉升他們做主管的
- 這也是一種不負責任的心態及壞習慣

第 36 堂　要能「協助部屬」解決工作上的難題

一、想更上一層的主管，必須主動的、經常性協助部屬解決工作上難題

（一）做各層級主管的人，也不是每天只出一張嘴巴，指揮東、指揮西的；必須要有與部屬同在一起的同理心，要主動的協助、幫助部屬們工作上的難題，或是跨部門溝通協調上的難題；而不是坐等著部屬來求你或看部屬們的笑話而已。

（二）能夠主動、積極協助部屬們解決工作上難題，使部屬們能夠安心的工作，這種主管才值得給再予以晉升或再拔擢。

（三）還有一種是你主管自己解決不了的工作難題，也不要任意丟給部屬們去負責解決。這種不負責任、亂丟問題的主管，也不值得再給予晉升更高一層。

圖36-1

```
再更上一層晉升的主管
        ↓
必須能主動的、
經常性的協助部屬們解決工作上的難題
```

第 37 堂　要讓部屬們「真心且願意跟隨你」

一、要讓部屬們真心且願意跟隨你

（一）要想獲得提拔晉升為各層級主管人選，必須要有本事及能力，做到其底下部屬們願意真心且願意跟隨你，並接受你的領導與指揮才行。

（二）有些資深員工獲得晉升，只是因為他們在公司工作久，給他們一些酬庸性質的晉升主管。但其實，這些人不見得適合或合格晉升為能領導別人的主管人選。

（三）所以，要被提拔晉升為主管的人選，除了無私、無我、無派系、大公無私及必要專業能力外，更必須做到底下部屬們願意真心的跟隨你，追隨你的管理與領導才行。否則，這樣的晉升，也不太會有好效果產生。

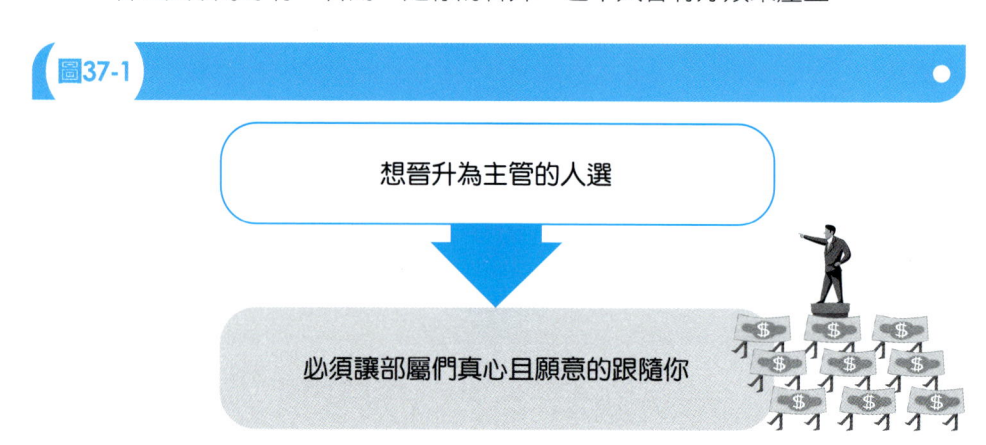

圖37-1

想晉升為主管的人選

↓

必須讓部屬們真心且願意的跟隨你

第 38 堂　不要散播公司人、事、物的「八卦小道消息」

一、要晉升的人才，不要散播公司人、事、物的八卦小道消息

（一）想要獲得提拔晉升的人選，絕對不能任意散播公司人、事、物的八卦小道消息，散播這些沒有營養的消息，對公司營運並沒有實質幫助；只會使組織及跨部門之間，更加的不和諧及更加紛亂而已；甚至形成不好的企業文化與組織文化。

（二）任何公司都是希望每位員工都能認真且用心在工作上，而不是散播一些不管是真或假的八卦小道消息，而影響到員工的工作。

（三）公司各部門、各工廠的同仁，也必須嚴守公司各項規定制度及企業文化，絕對不要自己製造出八卦消息，讓公司能平靜無事，大家努力在自己工作上。

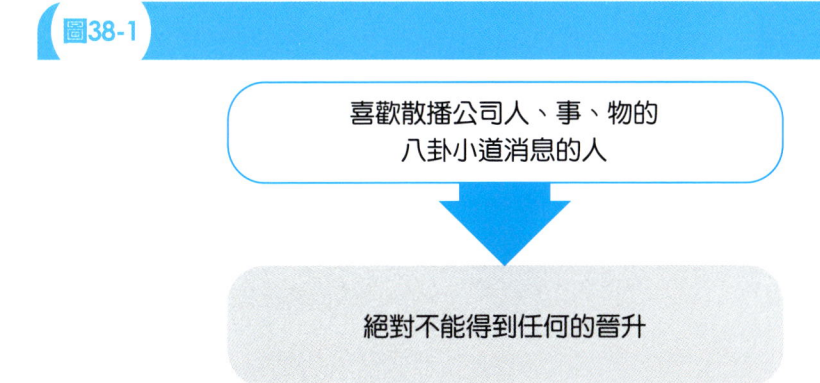

圖38-1

```
喜歡散播公司人、事、物的
八卦小道消息的人
         ↓
   絕對不能得到任何的晉升
```

MEMO

第二篇
企業案例篇
成功企業家的用人與晉升之道（計16個案例）

案例 1　全聯超市：林敏雄董事長

全國第一大超市全聯，林敏雄董事長的用人、晉才與領導之道，有如下幾項重點，值得學習：

一、尊重人才專業，且善納雅言

林敏雄的用人哲學，就是尊重專業，接納不同意見，林董事長肚量大，因此福氣也大。每位員工，對林董的胸襟與肚量，都有深刻感受。所以，全聯才能在20多年時間，快速成長為全國1,200店的最大超市連鎖規模。

圖39-1

林敏雄董事長：
➡ 尊重人才專業，且善納雅言

二、信任員工，充分授權

「信任員工、充分授權」，一直是林董事長的用人特色。由於林董的充分授權及信任員工，會讓員工不由自主的願意積極承擔，公司就愈做愈好、愈做愈大。林董事長對人的信任，真的是會讓人深深感動的。

三、看人看優點，把人放在對的位置

林董事長看人，總會盡量看他的優點，而且把人擺在對的位置上。這樣他就能發揮他的潛能，而對他的工作有貢獻。

圖39-2

林敏雄董事長：
➡ 信任員工，充分授權
➡ 看人看優點，把人放在對的位置上

四、將成功歸功於全體員工

林董事長總認為一家公司的成功，絕對不是董事長一個人就能創造出來的；反而是，公司的成功，恰好是公司全體員工的努力、用心、投入、勤奮所創造出來的；所以，林董事長總是把企業成功，歸功於全體員工。

五、肯學習，就有晉升的機會

林董事長對於門市店第一線員工，從無低學歷的歧視；林董經常告訴第一線的兼職人員或收銀員，說只要肯學習，就會有晉升的機會，我們都會給機會的。

圖39-3

林敏雄董事長：
➡ 將成功歸功於全體員工
➡ 肯學習，就有晉升的機會

曾有一名門市店兼職人員，花不到 3 年時間，就從兼職人員→晉升為正職人員→再晉升為店經理的案例。

六、文化融合，成就人才大軍

全聯在成長過程中，為了引進新技術、新觀念，林董事長數次併購其他事業的公司及員工，過程中雖然難免磨合，但也成就了更堅實的人才大軍。

七、相互包容的企業文化，才能引進各方人才：

林董事長表示：「如果我們做每一件事，都能站在對方的立場著想，那即使我們做錯，也錯不到哪裡。」

圖39-4

林敏雄董事長：
➡ 文化融合，成就人才大軍
➡ 相互包容的企業文化，才能引進各方人才

林董事長如此的口傳身教，建立了相互包容的企業文化，才能引進各方人才，並廣納不同意見；而這也是全聯未來永續經營的重要基石。

八、用心溝通，促進共識：

2014年，林董事長為了完善企業制度，延攬部分當年統一超商幾位高階主管的加入，也帶給全聯新的蛻變，林董事長表示，新舊團隊，只要能用心溝通，就可以促進共識，如此十年下來，雙方已真正團隊合作發揮更大力量，為公司的成功，貢獻更大。

九、員工教育訓練，預算無上限

全聯的門市第一線幹部，基本上不用空降部隊，多半從基層晉升上來；除了從實戰中學習，總部也會規劃各種教育訓練課程，帶領員工一起成長。林董事長曾對人資主管表示：「全聯的教育訓練預算是無上限的。」全聯的教育訓練課程區分為3大類型：

（一）技術課程，像是如何操作收銀機、如何處理信用卡。

（二）電腦及語言學習。

（三）對幹部安排各種專題課程，例如：「溝通」、「領導」、「團隊」及「目標突破」等。

圖39-5

林敏雄董事長：
➡ 用心溝通，促進共識
➡ 員工教育訓練，預算無上限

十、人才培育是企業成長的基本功

林董事長認為人才培育，是企業傳承的根本；他認為最重要的就是培養下一代經理人，而這已經融入全聯20多年的生命歷程中。

十一、晉升（升遷）管道非常健全

全聯訂定有很完善的各種人事升遷制度與管道，只要是好人才、優秀人才、努力的人才，都可以得到順利的晉升。林董事長認為凡事的制度化機制非常重要，他比較重視的是兩個制度化機制：第一線門市店營運的制度化機制、人事升遷的制度化機制。

十二、員工的向心力及支持

全聯的離職率很低，這都歸功於員工對公司有很高的向心力、認同感及支持，林董事長對此表示「深深感謝全體員工」；也由於這種深厚的向心力、認同感及支持，才使全聯持續成長下去，永不止息。

圖39-6

林敏雄董事長：
➡ 人才培育，是企業成長的基本功
➡ 晉升（升遷）管道非常健全
➡ 員工的向心力及支持！

案例 2　鴻海集團：郭台銘創辦人、前董事長

一、看人才，第一看「品格」

郭台銘創辦人認為：

（一）內在品格，要比能力更加重要，品格絕對是一個人最重要的資產。

（二）評價一個人時，應重點考核四項特徵；即：善良、正直、聰明、能幹。如果不具備前兩項，那後面兩項會害了你。

（三）我當初找接班人，也是根據這個原則，訂出 3 要件「品德、責任感、肯做事」，即：
　　1. 品德最重要。
　　2. 要有責任心。
　　3. 要有工作熱情。

（四）有品格而沒有能力，是缺點；但是有能力而沒有品格，則是危險。

（五）品格，就是「品德」與「格局」的結合。

圖40-1

郭台銘創辦人：
➡ 看人才，第一看品格

⬇

郭台銘創辦人：
- 找接班人3要件：
「品德」+「責任感」+「肯做事」

⬇

品格
=「品德」+「格局」的結合

二、何謂「領導者」？

郭台銘創辦人表示：

（一）創業沒多久，我就知道我不能只是一個人，我需要號召有為的工作夥伴，並且廣納賢士。

（二）所謂的領導者，並不是擁有一群僅會聽從命令的追隨者；而是要充分授權，讓每個階層的主管與員工，都能充分的發揮潛能。

（三）如果公司裡的所有員工都只知道追隨老闆，到最後他們只會做老闆認為需要做的事情，而不會主動開創出新的可能。

圖40-2

郭台銘董事長認為：
- 何謂「領導者」？

→
1. 要能廣納賢士及優秀人才
2. 要能充分授權給各級主管及員工
3. 要能願意追隨你

三、團隊合作

郭台銘創辦人認為：

（一）企業會成功、會成長，不是某一個人的功勞，而是團隊工作的成果。

（二）要重視團隊工作的原因，在於避免團隊裡的明星做出錯誤決策，或是任何一個不懂得團隊合作，而拖垮整個團隊的績效。

（三）切勿因為自己的孤芳自賞，或是過度的個人主義，而影響到團隊的成敗。

（四）我想要強調的人才，應該要具備一個重要特質，即：能夠團隊合作。

圖40-3

團隊合作
↓
郭台銘創辦人：
➡ 企業會成功、會成長，不是某一個人的功勞，而是團隊合作的成果
↓
要晉升的人才，必須是能團隊合作的好人才

案例 2　鴻海集團：郭台銘創辦人、前董事長

四、晉升的人才，必須要有「責任心」

郭台銘創辦人認為：
（一）責任心，就是不把一切歸咎於外部大環境或他人、他部門。
（二）一個有責任感的人才，不需要被管理。
（三）我用人、晉升人才，不是只看重能力；如果一個人有 90 分的能力，但是，不負責任、做事不用心，在我眼裡，他可能最高只剩下 70 分。
（四）經營企業的時候，在我字典裡，沒有管理兩個字，只有責任；你答應的事，本來就要做出來，這種責任心，就是研發最重要的紀律。
（五）責任心，就是讓自己隨時主動積極，能夠隨時採取行動，只要機會一來，就隨時準備突破僵局。

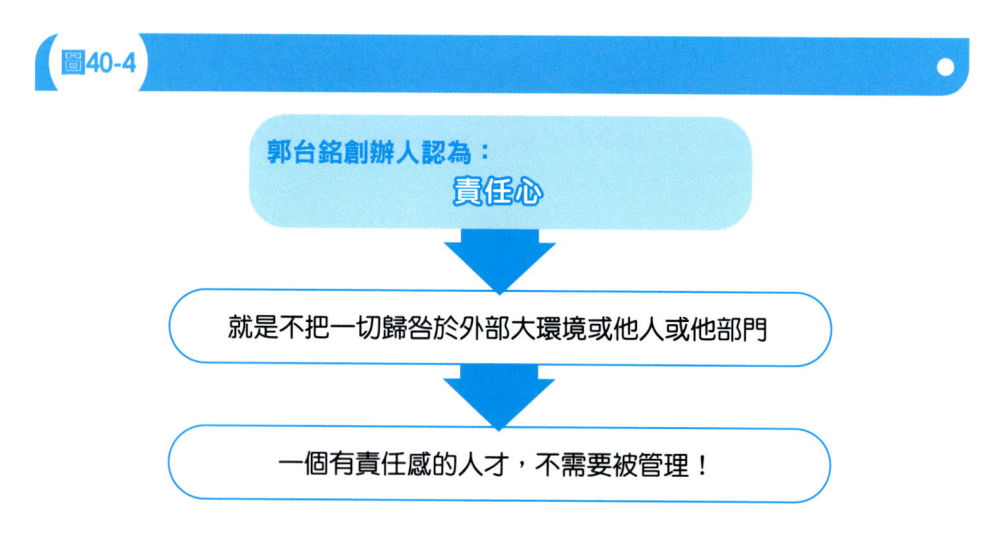

圖40-4

```
郭台銘創辦人認為：
    責任心
       ↓
就是不把一切歸咎於外部大環境或他人或他部門
       ↓
一個有責任感的人才，不需要被管理！
```

五、隨時要「學習新知」：

在當下這個爆炸進步的時代，只要一年以上不學習新知，就一定會跟不上。

圖40-5

```
郭台銘創辦人認為：
➡ 隨時、隨地要學習新知        →   這種好人才，才值得晉升、加薪
➡ 永遠要與時俱進
```

六、充分授權

郭台銘創辦人認為：唯有充分授權，才能讓對方感受到被信任；同時也感受到自己擁有主動權，當主動權在自己身上的時候，就完全沒辦法推卸責任，這時候便會督促自己要使命必達。

圖40-6

郭台銘董事長：
- 要充分授權

↓

- 使員工或主管感到被信任
- 就能全力以赴，使命必達

總結：郭台銘的用人、晉才與領導之道，即是如下6大重點：

圖40-7

1. 看人才，第一看品格

2. 領導，就是充分授權，讓主管及員工，充份自主發揮最大潛能

3. 要團隊合作

4. 晉升的人才，必須要有「責任心」

5. 每位主管及員工，必須隨時、隨地「學習新知」

6. 要充分授權

案例3　香港首富長江實業集團：李嘉誠創辦人

一、用人之道：揚長避短，人盡其才

（一）在李嘉誠的團隊中，只要你是人才，在公司就絕對有用武之地。

（二）企業的發展因素眾多，但絕對會有一個關鍵因素，在李嘉誠看來，這個因素就是人才的吸引及使用；企業能否吸引到足夠的人才，將是在商業競爭中勝出的關鍵。

（三）揚長避短是管理者用人的基本策略，一位優秀的領導者應該學會容忍員工的缺點，並積極挖掘出他們的優點，用長處彌補其短處，讓每個人都能發揮專長。

圖41-1

李嘉誠總裁用人之道：
➡ 揚長避短，人盡其才

（四）松下幸之助也曾說：「一個人的才幹再高也是有限的；要長於某一方面的偏才，才能為我所用；而將許多專精於某一專長的人融合為一體，才能組成無所不能的全才團隊，發揮出巨大的力量。」

（五）李嘉誠認為：「領導者的責任歸結起來，就是做決策、識人用人這兩件大事。」

二、成功的企業，需要「優秀團隊」

（一）李嘉誠認為，若想組建一支優秀的團隊，大家就得有著同一夢想，夢想有了，團隊發展的方向就有；當然，有了夢想，我們還要朝著這個方向不斷的前進，而不是空有目標及夢想而已。因為擁有團隊，才能凝聚出最強大的力量；若僅憑一個人的力量是難以有作為的。

（二）當我們在組建團隊的時候，心裡一定要有一個團隊的概念，也就是在任何時候，都要考慮到團隊成員的意見。

（三）李嘉誠創辦人善於將一批擁有真才實學的人，團結在自己周圍；由此可見，任何一間公司不管大小都需要團隊合作。所以，如果你想在事業中贏得勝利，那就組建一個好的團隊來協助你。而團隊確實造就了今日的長江實業集團。

圖41-2

李嘉誠總裁認為：
➡ 凡是成功的企業，都需要「優秀團隊」

三、借助「貴人之力」，事半功倍，才得以晉升或事業成功

（一）李嘉誠表示，所謂貴人，實際上就是賞識你的人，會替你的生活及命運帶來意想不到的好影響。

（二）一個人的生命中，若有貴人相助，絕對是人生道路上一大轉機；一切困厄都將隨著貴人的出現而發生改變；憑藉貴人的幫助，你的事業或你個人的在公司晉升＋加薪，就可能撥雲見日、步步高升。我們可以說，貴人相助是贏得成功最有效的途徑。

（三）不管你有多聰明，具備多麼優越的條件，也會需要有人適時拉你一把，讓自己在公司晉升之路，走得更加順利。

（四）要晉升為中高階人才，必須做到「誠信第一」：
　　1. 李嘉誠表示：做人，不管能力優秀與否，誠信絕對是第一首要。
　　　 誠信可謂是一個人的立世之本；凡是成功者、晉升為中／高階主管者，都是以「誠實」及「信用」為做人準則，來獲得彼此信任的基石。
　　2. 「誠實、守信」為人之本，聖賢孔子曾說過：「人而無信，不知其可也。」李嘉誠也說過：「做人無非就是講信義。」

圖41-3

李嘉誠總裁認為：
➡ 做事業或個人職務晉升；都要得到貴人之助，才能事半功倍

案例 3　香港首富長江實業集團：李嘉誠創辦人

圖41-4

李嘉誠總裁認為：
➡ 要晉升為中高階的人才，必須做到「誠信第一」

（五）成功，就是「不斷的學習」：成功的奧秘在於「堅持學習」
　　1. 在知識經濟的時代裡，即使你有資金，但缺乏知識，沒有最新資訊的話，無論何種行業，你越拼搏，失敗的可能性越大；可是如果你充滿知識，雖沒有資金，但仍可能成功。
　　2. 李嘉誠表示：要讓學習成為一種習慣，最重要的就是要行動起來；充分認識到學習的重要性，將學習視為一種責任、一種追求。
　　3. 李嘉誠表示：唯有不斷學習及進步的優秀人才，才值得晉升提拔為主管職務。

圖41-5

李嘉誠總裁認為：
➡ 成功，就是不斷的學習與進步！

（六）要晉升的人才，必是不滿足現狀的：「不滿足現狀，是向上的車輪。」
　　1. 李嘉誠認為：只有不滿足現在的成就，才能體認到自己在成功的道路上只走了一小步；只有不滿足，才會懂得不斷提升及完善自己；只有不滿足的員工，才能追求下一次更大的工作上成功。
　　2. 李嘉誠認為：只有不滿足的人，才會想著去超越、去改變；具有強烈進取精神的人，才不會被社會淘汰。所以，不滿足，是任何一位員工或主管或老闆成功的前提。

圖41-6

李嘉誠總裁認為：
➡ 要晉升的人才，必是不滿足的人！

⬇

不滿足，才是每個員工向上晉升的必備車輪！

（七）主管對部屬要實施「溫情管理」，才能得部屬的心，也才能更上一層樓
　　1. 李嘉誠表示：每一位主管或老闆都應該對部屬施以「溫情管理」，而不是「太嚴厲管理」。
　　2. 所謂「溫情管理」，包括要做到幾項：
　　　(1) 能記住每一位員工的名字。
　　　(2) 能定期與員工／部屬聚餐、喝咖啡聊天。
　　　(3) 平常，上班時多對部屬們說些關懷與貼心的話。
　　　(4) 多展現出善意的微笑，而不是很嚴肅的臉。
　　　(5) 要隨時聆聽員工／部屬們的好意見、好點子、好想法、好作法、好觀念。
　　　(6) 要有佛心，要經常向員工／部屬們說「謝謝」。

圖41-7

李嘉誠總裁認為：
➡ 主管／老闆對部屬要施以「溫情管理」

⬇

才會得到員工／部屬的心

⬇

公司才會成功！

案例 4　奇異（GE）日本子公司：安渕聖司前董事長

一、晉升主管人才，必須能夠「求新求變」並「洞悉變化」

奇異日本子公司董事長安渕聖司表示，美國奇異總公司（GE）要求海外子公司，凡是要晉升中高階主管的人才，必須符合兩項要求：

（一）能用比大環境更快的速度繼續「求新求變」，進而打造出一個更強的公司。

（二）必須時時刻刻洞悉各種外在環境的變化，並時常思考奇異（GE）公司，接下來要如何做，以及往哪個方向走。

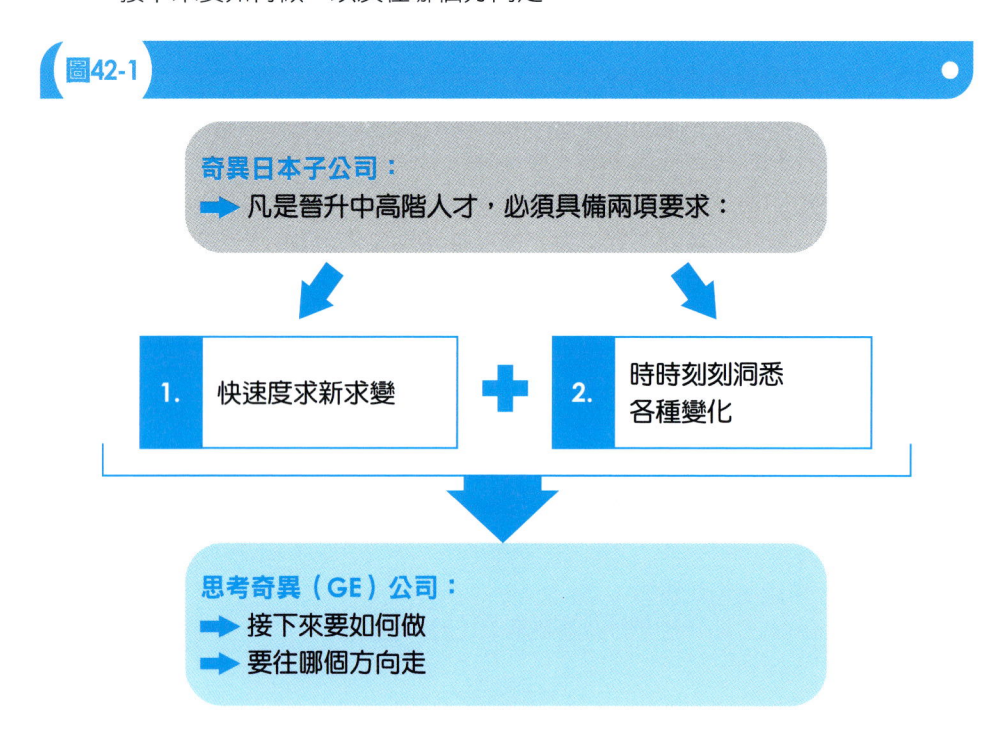

圖42-1

奇異日本子公司：
➡ 凡是晉升中高階人才，必須具備兩項要求：

1. 快速度求新求變
＋
2. 時時刻刻洞悉各種變化

思考奇異（GE）公司：
➡ 接下來要如何做
➡ 要往哪個方向走

二、在奇異公司，經得起質問，「拿得出辦法」，你就會晉升出頭

安渕聖司董事長表示：

（一）經營企業，遇到問題沒關係，重要的是要有解決對策；若是拿不出解決辦法，你想做任何投資，在奇異是不可能的。

（二）在奇異公司，凡是能經得起質問，並拿出有效辦法，你就會晉升出頭天。

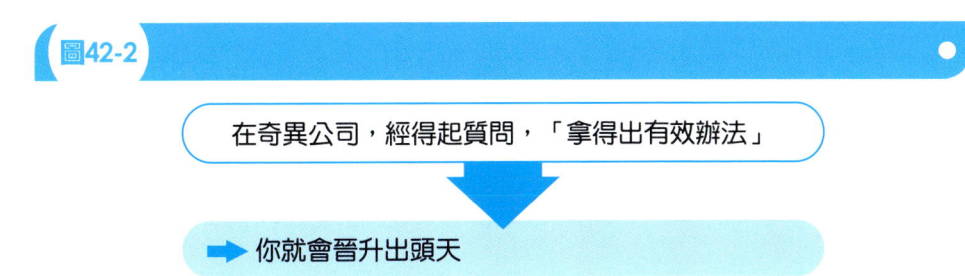

圖42-2

在奇異公司，經得起質問，「拿得出有效辦法」

⬇

➡ 你就會晉升出頭天

三、晉升人才，全球在地化政策，重用當地優秀人才

美國奇異（GE）公司在推動全球化的同時，也會進行用人在地化與本土化。而且是高階人才的在地化、本土化。例如：美國奇異公司在日本、在韓國、在印度、在越南……等，都是重用當地優秀且具忠誠度的人才，擔任董事長、總經理、各副總經理的。

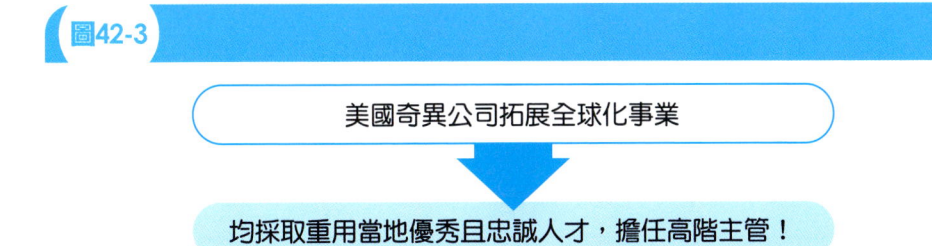

圖42-3

美國奇異公司拓展全球化事業

⬇

均採取重用當地優秀且忠誠人才，擔任高階主管！

四、全體員工都必須具備「領導力」，公司就會強大起來

（一）美國奇異公司要求每一位員工，都能發揮領導力，那全公司的實力，就一定會越來越強大。

（二）美國奇異公司認為每一位員工的領導力都非常重要；當每一位員工都能領導好自己，這公司自然就會成功。

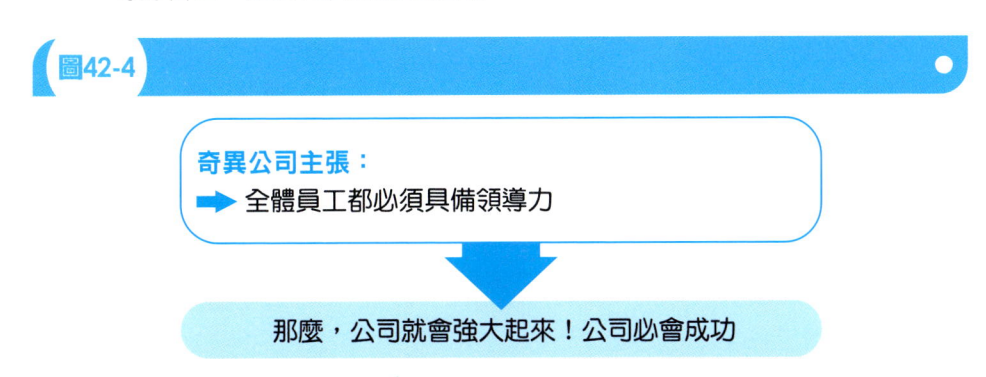

圖42-4

奇異公司主張：
➡ 全體員工都必須具備領導力

⬇

那麼，公司就會強大起來！公司必會成功

085

案例4　奇異（GE）日本子公司：安渕聖司前董事長

五、晉升人才，不只看「工作績效」，也要看「成長價值」

奇異日本子公司安渕聖司董事長表示：在奇異公司，要晉升各部門、各分公司人才的時候，它的考評項目，不只是過去幾年的工作表現、工作績效、年度考績而已，另外一部分，也要看這些受提拔晉升的人才，是否具有「成長價值」及「未來更成長價值」等要素才行。

在奇異公司，這個「成長價值」，正是代表這個人、這些人，會在未來的五年、十年、二十年中，對公司貢獻更多，成為公司中堅不拔的核心力量。

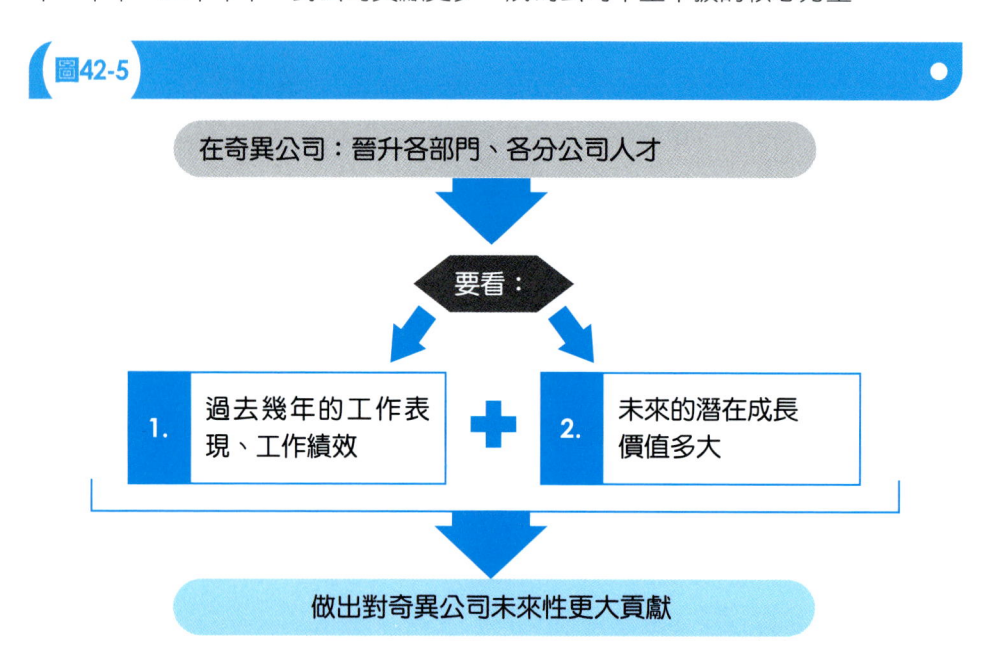

圖42-5

在奇異公司：晉升各部門、各分公司人才

要看：

1. 過去幾年的工作表現、工作績效
   ＋
2. 未來的潛在成長價值多大

↓

做出對奇異公司未來性更大貢獻

六、人資部門不是大內高手，而是「育才專家」

在奇異公司，人資部門是非常重要的，他們的工作如下圖示：

圖42-6　GE 奇異公司人資部門的工作

1. 發掘人才	2. 招募新人	3. 教育訓練
4. 績效管理	5. 菁英人才管理	6. 人事異動、與人事晉升
7. 組織及人力盤點	8. 重要人才培育	9. 人才與中長期戰略發展互相配合

在奇異公司,「人」被視為最核心、最重要的資產價值;而人資部門最重要工作,就是「育才」(培育各部門、各功能、各專業的中高階人才及中高階主管)。

圖42-7

人資部門最重要工作

就是:
➡ 育才!培育人才
➡ 培育中高階經營人才

七、「培訓」不是被迫,而是獲選者的至高榮譽

在美國奇異總公司裡,位處紐約郊外,有一座宏大的「奇異培訓中心」;凡是全球要受晉升的中高階人才,都要到這裡來接受培訓課程;其課程主要有4大類:
(一)領導力課程
(二)專業功能課程
(三)商業知識課程
(四)戰略發展課程

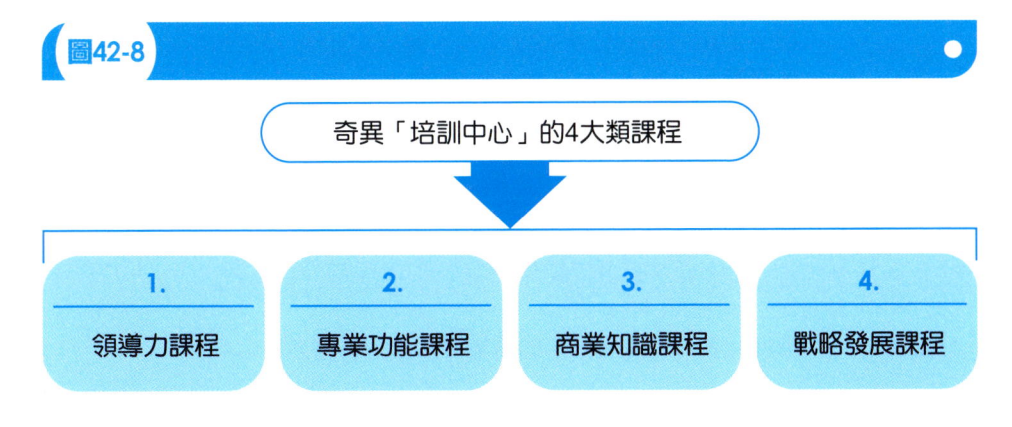

圖42-8

奇異「培訓中心」的4大類課程

| 1. 領導力課程 | 2. 專業功能課程 | 3. 商業知識課程 | 4. 戰略發展課程 |

八、為何奇異不會有派系權力鬥爭?

(一)奇異日本子公司安淵聖司董事長表示:

087

案例 4　奇異（GE）日本子公司：安淵聖司前董事長

奇異全球是一個擁有30萬名員工的巨大組織，難道不會發生權力鬥爭嗎？但是，在奇異，我真的沒看過爭權奪位、派系之爭的事。

（二）理由很簡單，因為奇異（GE）的企業文化不允許有派系鬥爭，有這些傳聞的人，就不會受到提拔晉升了，甚至要被淘汰掉。

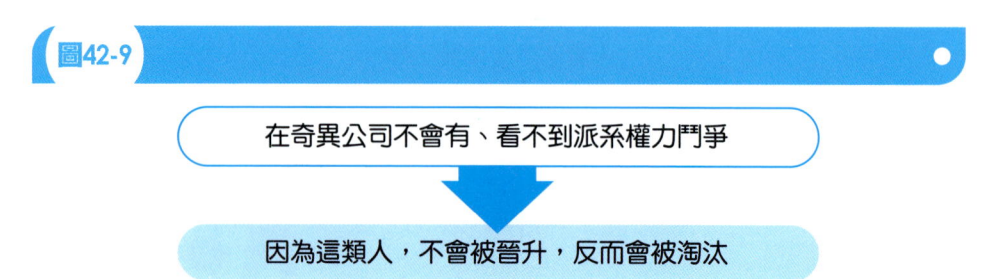

圖42-9

在奇異公司不會有、看不到派系權力鬥爭

↓

因為這類人，不會被晉升，反而會被淘汰

九、奇異日本公司「執行長」的工作職掌五件事

如下圖示：

圖42-10　奇異日本公司執行長工作職掌五件事

1. 戰略：	決定未來的大方向、分配資源管理整個公司的事業組合。
2. 執行：	靈活運用所有的經營資源（人、資訊、知識、資金），以達到經營目標。
3. 基礎：	讓奇異的企業文化、成長價值、誠信，優先滲入組織的每個人及每一個地方。
4. 品牌：	積極代表奇異接觸日本的各業界，創造影響力。
5. 人才：	錄用優秀人才、教育人才、訓練人才、考核人才，給他們活力，幫助他們成長，並培育領導人才。

案例 5　台積電：張忠謀前董事長

一、每個晉升的人才，都要思考我的「附加價值」在哪裡？

　　台積電前董事長張忠謀表示：公司裡每個受提拔晉升的人才，都要思考我對公司的附加價值在哪裡？我對公司的貢獻可以再提升哪裡？以及我晉升之後，未來更大的價值在哪裡？

圖43-1

台積電：前董事長張忠謀
- 公司每個受晉升的人才

→ 都要思考我對公司的附加價值在哪裡？我對公司未來的貢獻在哪裡？

二、每個晉升的主管人才，得到權力之前，要先「當責」

　　台積電前董事長張忠謀認為：每個受晉升的人，千萬不要認為我得到權力了，不要認為晉升＝權力，這就錯了；任何受晉升的主管人員，一定要有「權責一致」的觀念才好，即：「權力＝責任＝當責」；因此，得到權力之前，必須先「當責」才行，一定要展現出當責的責任心及責任感。

圖43-2

台積電：前董事長張忠謀
- 公司每個受晉升的主管

↓

必須認知：
1. 權責一致性
2. 權力＝責任
3. 權力＝當責

↓

要能真正負起責任，有責任心的，才是好主管、好人才！

第 2 篇　成功企業家的用人與晉升之道（計 16 個案例）

089

案例 5　台積電：張忠謀前董事長

三、要晉升的人才，必須有「越戰越勇」的特質

台積電張忠謀前董事長表示：我所謂要晉升的人才，不是看他的學歷，也不是資歷，而是看他做事的態度與精神，我們需求晉升的人才，是「越戰越勇」特質的人才，這種特質無法從履歷表看出來，必須要親自去認識，才能發掘。

圖43-3

張忠謀前董事長：
- 公司要晉升的人才

↓

是要能「越戰越勇」的將才

↓

才能對公司有真正的貢獻力！

四、要晉升的人才，必須培養出：「觀察」、「學習」、「思考」與「嘗試」的終身習慣

張忠謀前董事長認為：公司要晉升的人才，必須培養出 4 個終身習慣：

（一）要多觀察：對內外在環境的變化觀察。
（二）要多學習：要個人的終身學習。
（三）要多獨立思考：要多想、想、想。
（四）要勇於嘗試：不要畏首畏尾，要大膽創新。

圖43-4

張忠謀前董事長：
- 要晉升的人才必須4個終身習慣

→

1. 要多觀察
2. 要多學習
3. 要多獨立思考
4. 要勇於嘗試

→

才會形成公司未來重要幹部人才

五、要晉升的人才，首要條件是要具備「誠信」特質

台積電前董事長張忠謀認為：台積電的十大經營理念中，第一條就是 integrity（誠信）；而他對要晉升的人才，也主張一定要具備「誠信」的特質；他表示，公司一旦落入沒有誠信的一群人身上，這家公司就恐會被搞垮，因為再沒有人會信任這家公司。

圖 43-5

前董事長張忠謀：
- 公司要晉升的人才

↓

一定要具備「誠信」（integrity）的特質才行

↓

否則，公司會被這群沒誠信的人搞垮

案例 6　統一超商：徐重仁前總經理

一、選才用人 3 要件：具備「工作與學習熱忱」、「無私」、「創新」精神

統一超商前總經理，也是國內知名流通業教父徐重仁表示：我在統一超商工作 30 多年了，我選才、晉升人才及用人的 3 要件：

（一）要具備工作與學習的熱忱：

我在統一超商工作 30 多年了，我依然對超商（便利商店）行業的工作，充滿了「熱情」、「熱忱」及「歡喜心」，所以，在工作上永遠不會有倦怠感或熱情消失感。只要心中保有那一股熱忱，自然就會努力把工作做得更好、做得更進步、做得讓消費者感到開心與便利感受。

另外，「學習」也很重要，只要工作一天，公司存在一天，就必須保持「永不停止的學習」或是「終身學習」；我認為不管位在哪一個階層的員工或主管，都必須保持「終身學習」的習慣及毅力，如此，你才能達到「終身進步」的終極目標。所以，想要在公司晉升的人才，「熱忱」及「學習」，都是關鍵要素與要求。

（二）要具備「無私」的特質：

另外，特別是想晉升基層、中階、高階的主管人才們，你想要成功的領導底下員工及部屬們，一定要具備「大公無私」、「無私／無我」及「公平／公正」、「沒有私心」的特質；絕不能想透過晉升，而謀求自己的私人利益或私人所得；這是非常重要的「品德」要求；有私心及品德低落的員工，絕對不能提拔晉升為主管職，那會毀了這家公司的。

（三）要具備「創新」精神：

公司營運，不能每一年都固定化、制式化、僵化、老套化、永不變革化，以及守舊化／保守化；如那樣，一定會被消費者拋棄的，也會被後面的競爭對手超越過，而變成落後者、落伍者。所以，公司每一天、每一週、每一個月、每一年，都必須想著要如何更創新、更改革、更具創造性與更新鮮感；如此，公司才能長期的經營下去、經營得更具成果。所以，公司凡是晉升人才或晉升主管，必須具備這個「創新」的重要特質才行；如此，才能帶領這家永遠保持「創新」，而不衰落、衰退的優質好公司。

圖44-1

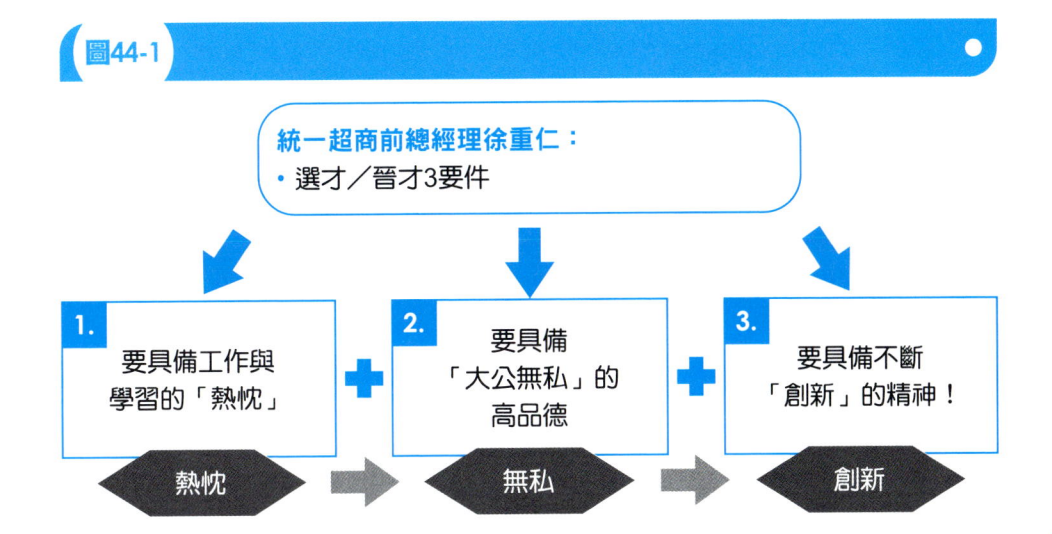

統一超商前總經理徐重仁：
- 選才／晉才3要件

1. 要具備工作與學習的「熱忱」
2. 要具備「大公無私」的高品德
3. 要具備不斷「創新」的精神！

熱忱 → 無私 → 創新

二、適度授權

徐重仁前總經理認為：

（一）有些工作可以讓主管放手去做；但有些工作則必須由最高領導者親自帶著經營團隊及員工一起做，讓他們從做中學，累積成功經驗後，再授權讓他們自己去做。

（二）企業透過授權，可以培養員工主動解決問題與改善工作流程的精神，並提高運作效率。

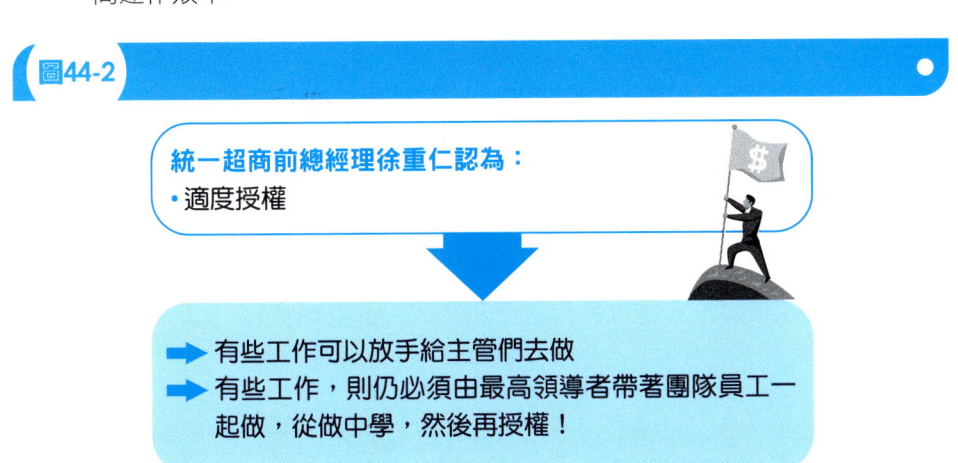

圖44-2

統一超商前總經理徐重仁認為：
- 適度授權

→ 有些工作可以放手給主管們去做
→ 有些工作，則仍必須由最高領導者帶著團隊員工一起做，從做中學，然後再授權！

三、晉升高階主管者：要勇於做消費趨勢的創造者

統一超商的前總經理認為：
（一）要想晉升為統一超商的高階主管者，必須要勇於做出消費趨勢的創造者。
（二）做任何行業，都必須從消費者情境思考，要貼近消費需求，這是事業經營成敗的關鍵。唯有如此，才能滿足市場需求，甚至創造需求，並引領消費趨勢，並在其中掌握到商機。
（三）經營事業，不論景氣好壞，就是要不斷的自我挑戰，追求突破，看準趨勢，而且堅持到底。
（四）身為市場的領導者，更必須以「消費趨勢的創造者」自我期許，眼光放遠，看到未來的趨勢需求。
（五）我們要不斷為消費者創造更美好的生活而努力。
（六）我們必須以靈活的概念，時時用心觀察環境的改變，預見潛在的消費需求，並主動去開發及滿足。

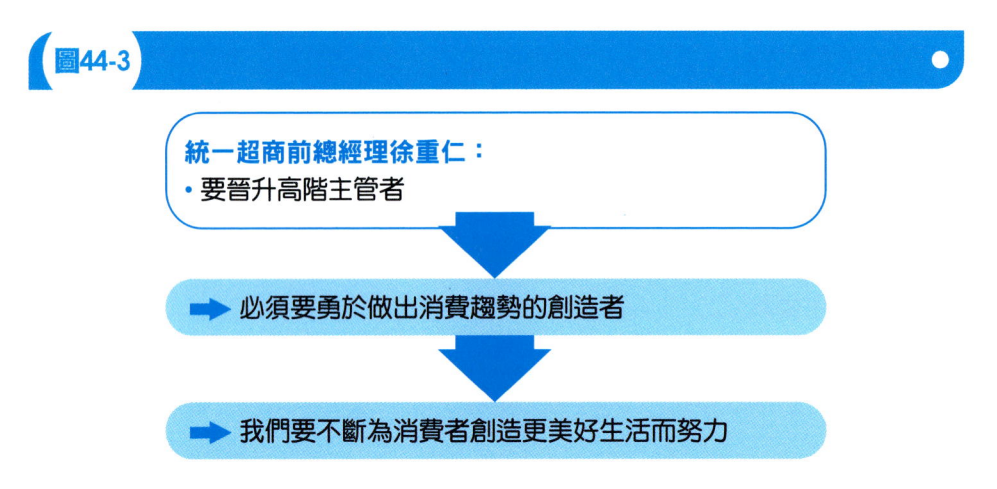

圖 44-3

統一超商前總經理徐重仁：
・要晉升高階主管者
⬇
➡ 必須要勇於做出消費趨勢的創造者
⬇
➡ 我們要不斷為消費者創造更美好生活而努力

四、為達公司成長目標，一定要「選對人、用對人」，不行，就換人

（一）徐重仁前總經理認為：為達到公司每年都要成長目標，一定要做到：「選對人、用對人」；若某些人不行，就要不留情面的予以換人才行。
（二）「選對人、用對人」的意思，其實就是：用人要「適才適所」是最重要的根本原則。
（三）晉升人才，也是同樣的意思，要晉升那些人才，要晉升到什麼樣的位置及等級，都必須掌握好「選對人、用對人」。

圖44-4

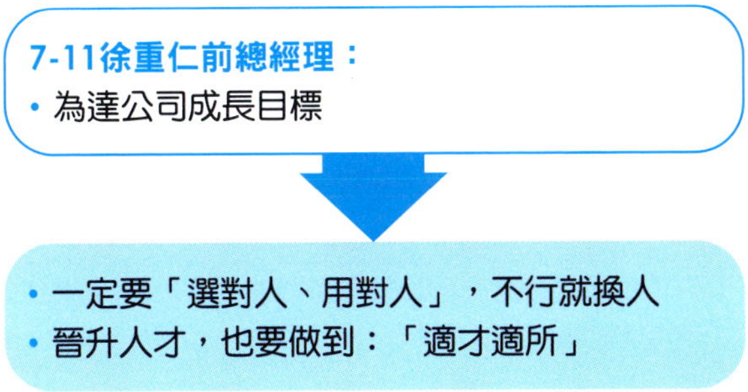

7-11徐重仁前總經理：
- 為達公司成長目標

↓

- 一定要「選對人、用對人」，不行就換人
- 晉升人才，也要做到：「適才適所」

五、晉升主管人才，要具備能帶出「凝聚力」、「向心力」的要求

徐重仁前總經理表示：「我所晉升的主管人才，都和我一樣，都是表裡一致、說的跟做的一樣，也是要求有熱情、耿直、老實、公平、公正的；這樣的主管，才能被部屬信任，形成一種組織的凝聚力與向心力，然後朝共同目標邁進。」

圖44-5

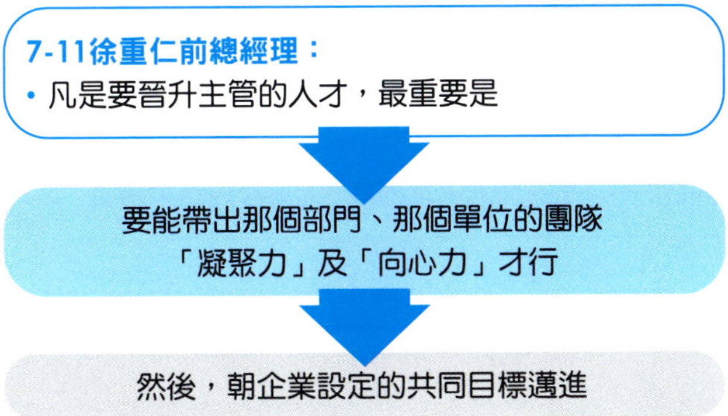

7-11徐重仁前總經理：
- 凡是要晉升主管的人才，最重要是

↓

要能帶出那個部門、那個單位的團隊「凝聚力」及「向心力」才行

↓

然後，朝企業設定的共同目標邁進

六、晉升中高階主管，一定要能夠清楚的掌握「策略方向」，每個階段有每個階段的新策略方向

徐重仁總經理表示：要晉升公司的中高階主管人才，一定要能夠清楚的掌握公司未來發展的「策略方向」，而且，每個階段有每個階段的「新策略方向」。如此，公司才能正確的一步一步走下去及壯大起來。

案例 6 統一超商：徐重仁前總經理

圖44-6

```
7-11徐重仁總經理            必須能夠清楚的
• 凡是要晉升公司中    →    掌握「策略方向」，   →   「策略方向」
  高階主管的人才；        每個階段有每個階段        對了，公司自然
                          的「新策略方向」         就會成長與壯大！
```

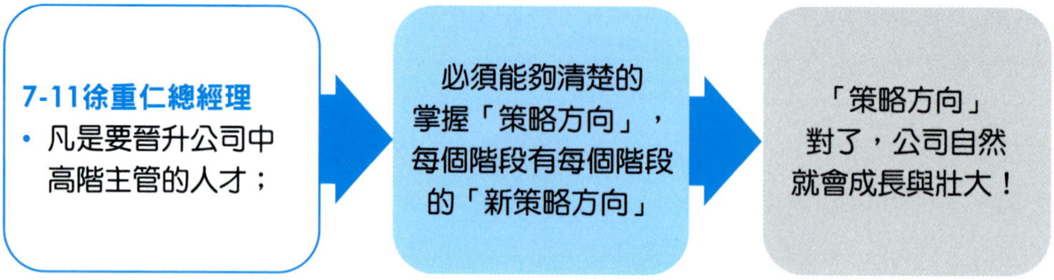

七、晉升公司「最高階人才團隊」，必須具備 4 大職責：

（一）領航者，要知道船「開往哪個目標與方向」
（二）要有一個「當責」的決心
（三）你自己一定要「有遠見」，要有自己的「思維」跟「sense」
（四）要能「正派」、「透明」的經營

　　徐重仁前總經理認為，要晉升為公司的最高階人才團隊，必須具備 4 大職責，如下圖示：

圖44-7

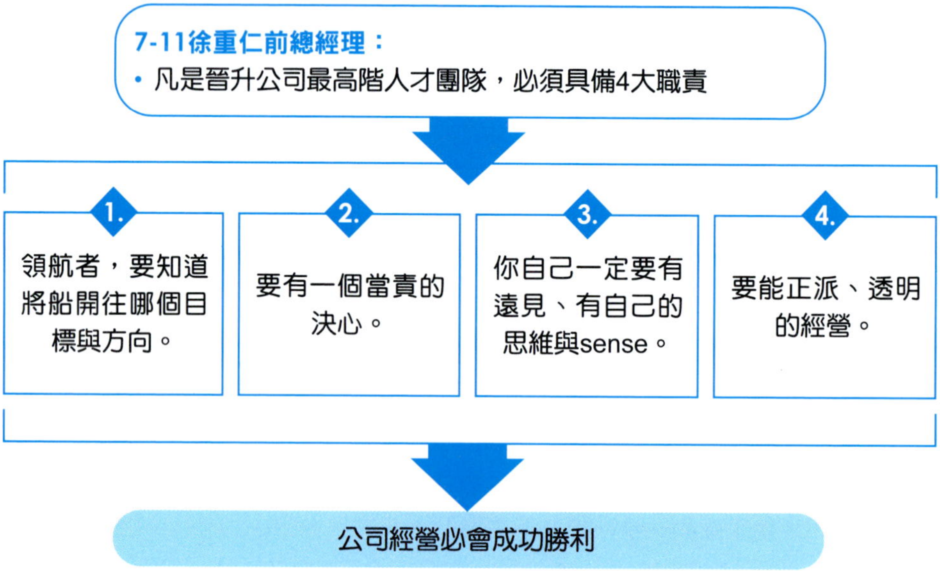

7-11徐重仁前總經理：
• 凡是晉升公司最高階人才團隊，必須具備4大職責

1.	2.	3.	4.
領航者，要知道將船開往哪個目標與方向。	要有一個當責的決心。	你自己一定要有遠見、有自己的思維與sense。	要能正派、透明的經營。

↓

公司經營必會成功勝利

八、要晉升的人才，絕不能有「太安逸」的想法，要「永保危機意識」

徐重仁總經理表示：每年晉升的人才，我都跟他們講，晉升是一種責任承擔與榮耀，但不能有「太安逸」的鬆懈想法，而更要永保「危機意識」；如此，公司才能持續性成長、成功下去。我也勉勵受晉升的人才及主管，晉升之後，更要付出更多的心力與努力，這才是晉升的目的，而不只是頭銜的上升與加薪而已。

圖44-8

7-11徐重仁前總經理：
- 要晉升的人才，必須守住4大原則

↓

1. 絕不能有安逸與鬆懈的想法。
2. 要永保危機意識。
3. 要隨時發出警訊，並隨時應變。
4. 要永不自滿、自傲。

↓

公司才會持續保有強大競爭力及永保領先地位！

九、「適才、適所」的用人哲學

徐重仁前總經理表示：我看人，不是隨便派人去做，要人去占這個缺。我很重視這個人才的特質是什麼？這個人才來做什麼會比較合適。這就是我「適才、適所」的用人哲學。

圖44-9

7-11徐重仁前總經理：
- 用人哲學

↓

- 適才、適所
- 這個位置、這個工作，找什麼人去做，最適合

案例 6　統一超商：徐重仁前總經理

十、要晉升的人才，必須「勇於嘗試、創新」，才會有機會

徐重仁前總經理表示：在 7-11，要晉升的各種人才，都必須擁有一項特質；即：「要勇於嘗試、勇於創新，才會有機會」；千萬不能怕東怕西、保守守成、擔心東拉西扯的，這種人絕不能晉升的。總之，經營事業及拔擢人才，就是要：「大膽嘗試、勇於創新，才會有機會」。

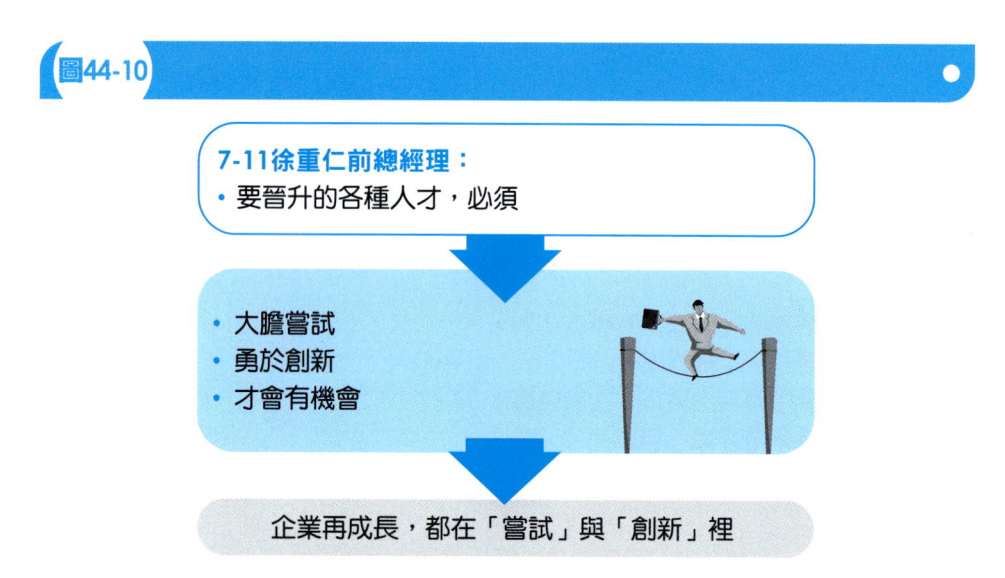

圖44-10

7-11徐重仁前總經理：
- 要晉升的各種人才，必須

- 大膽嘗試
- 勇於創新
- 才會有機會

企業再成長，都在「嘗試」與「創新」裡

案例 7　城邦／商周出版集團：何飛鵬首席執行長

一、要晉升的人才，必須真正做到「無我」

城邦出版集團首席執行長認為：

（一）每個主管心中，永遠有一個小我，想到的都是：我的利益、我的名利、我的前途、我的未來、我的好處、我的升官／加薪等，當心中想著小我時，就會無法公正做事，做出對公司、對團隊的最大利益的事來；這種「小我」，必然對公司產生不利的壞影響。

（二）過度的小我，也會陷入爭功諉過的現象；有壞事發生，首先想的是推卸責任與避責；有好事發生，想的則是如何卡位插一手，讓自己也可以得到光環及好處。

（三）每位晉升的人才或主管，必須要以「無我」為期許，才能真正成為一個好的主管、好的人才、好的領導者。

圖45-1

城邦出版集團首席執行長何飛鵬：
・凡是想晉升的人才或主管

↓

・都必須努力做到「無我」
・如此，才能對公司最有利！公司也才能順利成長、成功

二、想晉升中高階主管職的人才，必須要有「策略能力」，即：要想高、想遠、想深

城邦出版集團首席執行長何飛鵬指出：

（一）凡是想晉升中高階主管職的人才，必須具備有「策略能力」與「策略思考力」；而所謂的策略能力與策略思考力，就是要能：想高、想遠、想深這三個層面。

案例 7　城邦／商周出版集團：何飛鵬首席執行長

（二）想高：就是能從高處綜覽全局，才能看到事情的全面。
　　　想遠：就是能想明天、想未來，才不至於急功近利。
　　　想深：就是深入事情的底層，思考問題背後的問題。

圖45-2

城邦首席執行長何飛鵬：
- 想晉升中、高階主管職的人才

↓

- 必須擁有「策略能力」與「策略思考力」
- 即遇重大事情，必須能：「想高」、「想遠」、「想深」

↓

方向對了＋策略對了＋人對了
➡ 公司必會成功、勝利、壯大

三、人才的 3 個層次：「做事人才」、「管理人才」、「經營人才」

何飛鵬首席執行長認為，職場工作者有三個層次；
（一）能做事的工作者，能夠完成組織交付的工作，不論是從事生產、行銷、業務、財務、研發、企劃、商品開發……等，都可以把工作做好。
（二）升成小主管，能做好團隊的管理工作，能帶領團隊完成管理工作。
（三）運用想像力、創造力，對外尋找商機，擴大團隊的營運規模，做出更大的生意，並提高團隊的獲利。

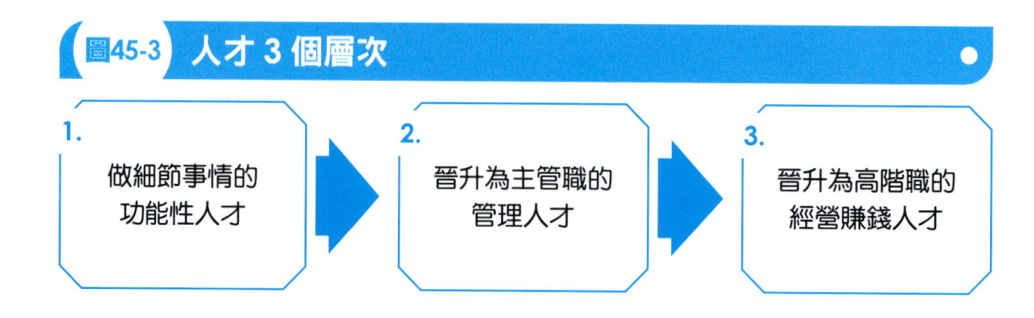

圖45-3　人才 3 個層次

1. 做細節事情的功能性人才 ➡ 2. 晉升為主管職的管理人才 ➡ 3. 晉升為高階職的經營賺錢人才

四、要晉升的人才，最重要的是能經營、會經營的「經營型」人才！

（一）何飛鵬首席執行長尋找及晉升能經營、會經營的人才，是最重要的一件事。

（二）他認為：經營人才是可以對團隊負完全責任的人，不只可以完成每日的例行工作，更可以在團隊遭遇困境時，能提出創新、找出方法、洞悉問題、解決困難；並帶領公司擴增營收獲利，以及持續成長下去。

圖45-4

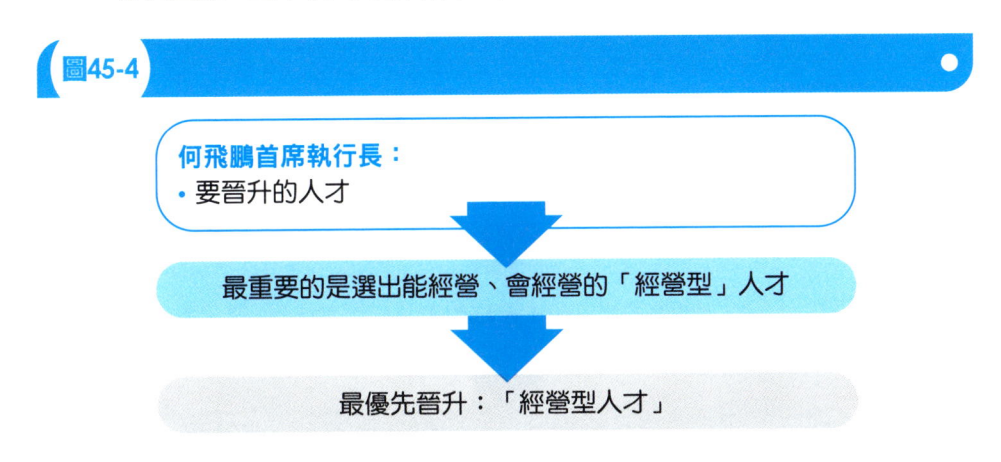

```
何飛鵬首席執行長：
• 要晉升的人才
        ↓
最重要的是選出能經營、會經營的「經營型」人才
        ↓
最優先晉升：「經營型人才」
```

五、要晉升的人才，著重在能完成「不可能任務」的優秀人才

何飛鵬首席執行長認為：公司一般性員工，總是處理著每天例行性簡單的工作，然後渡過每天八個小時的上班時間；但面對突發的困難任務或交付的不可能任務時，則經常會避之唯恐不及；但，有一種人才，則是不畏艱困、不畏風險、不畏辛勞，而去完成「不可能的任務」專案或工作，這種優秀人才，應優先予以提拔晉升。

圖45-5

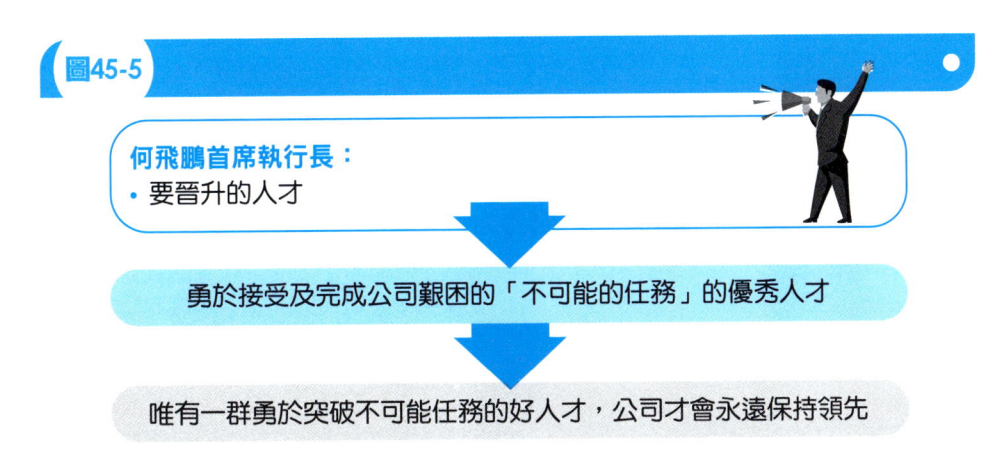

```
何飛鵬首席執行長：
• 要晉升的人才
        ↓
勇於接受及完成公司艱困的「不可能的任務」的優秀人才
        ↓
唯有一群勇於突破不可能任務的好人才，公司才會永遠保持領先
```

六、要晉升的人才，必須具備積極「創新」及「改變」的心態與能力

何飛鵬首席執行長認為：

（一）公司要晉升的人才，必須在面對大環境困境時，具備「積極創新」與「改變」的好人才。

（二）當遇到大環境困境時，員工若不能「積極創新」與「改變」時，公司可能會更加衰退、落後、更沒有未來展望。

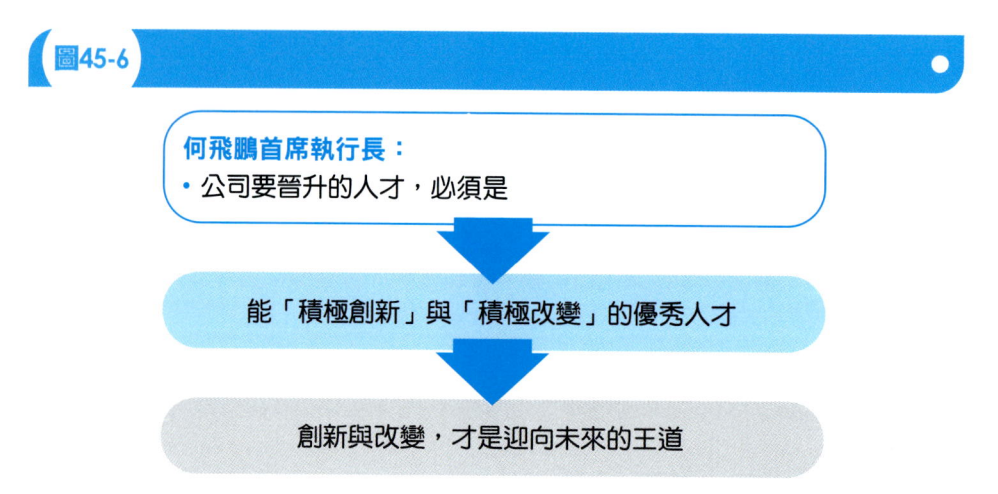

圖45-6

何飛鵬首席執行長：
- 公司要晉升的人才，必須是

↓

能「積極創新」與「積極改變」的優秀人才

↓

創新與改變，才是迎向未來的王道

七、公司要晉升的人才，必須具備「主動積極」特質，而非被動等指示

何飛鵬首席執行長表示：

（一）對大部分員工而言，經常都是比較被動性及等待長官下指示而工作的；可是這種類型員工已無法應對現今激烈競爭的時代與環境。

（二）當主力對手主動積極，而你卻被動等指示辦事，那表示你的競爭力在下滑之中。

（三）所以，公司要晉升的人才或主管也好，應該具備「主動積極性」的特質，每天都要思考著：公司營收、公司獲利、公司產品力、公司品牌力、公司競爭力，如何能夠更好、更強大、更進步、更領先競爭對手、更持續市場第一品牌的「主動積極性」的思考力、行動力、作為力。

圖45-7

何飛鵬首席執行長：
- 公司要晉升的人才或主管

↓

必須是能「主動積極型」的優秀人才，而非「被動等長官下指示」的一般性人才

↓

永遠要主動想著及作為，使公司更好、更強壯、更成長，才是好人才

八、要晉升的主管人才，不能太心軟，必須要有「雷霆手段」

何飛鵬首席執行長主張：

（一）凡是晉升為主管的人才，絕對不可以只做「好好先生」，因為，他認為好好先生叫不動團隊，會形成一盤散沙，什麼事也做不成。

（二）他認為及主張：好主管一定要有雷霆手段，要嚴厲的執行工作，要說一不二，紀律嚴明，訓練嚴格，犯錯嚴懲，做起事來，雷厲風行，說到做到，使命必達。

（三）何首席執行長的主張，有點像古時候「法家」的思想哲學，而非「儒家」的思想哲學，這沒有對錯，而是看你從那一個觀點切入去思考與執行。現在，很多企業採行「績效導向」經營的法家思想，一切以企業最終的績效為最重要KPI指標，也許也是一種法家的思想哲學。

圖45-8

何飛鵬首席執行長：
- 公司要晉升的主管人才，必須是

↓

不能太心軟，必須要有雷霆手段，把績效做出來

九、要晉升主管人才的,必須是 100% 可以「信賴的人」

何飛鵬首席執行長表示:凡是要晉升主管的人才,必須是 100%可以信賴的人才。包括:

1. 能力是可以信賴的。
2. 人格、品性、品德是可以信賴的。
3. 核心價值觀是可以信賴的。

他認為這 3 個可以信賴的,就可以跟他搭配良好,而且可以把自身的部門及業績帶好,對公司都是有貢獻的。

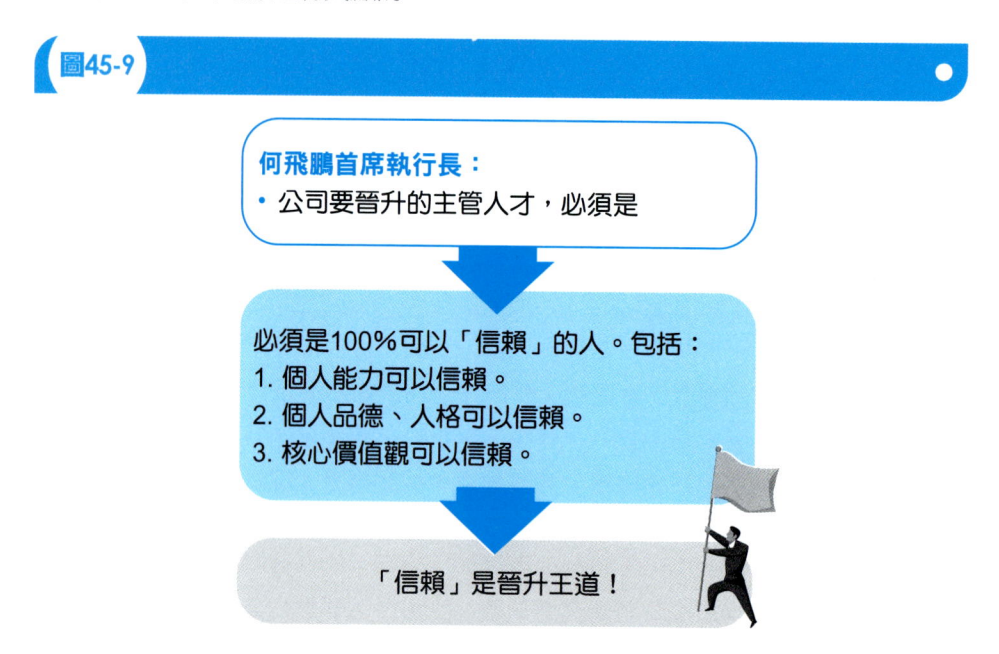

圖45-9

何飛鵬首席執行長:
- 公司要晉升的主管人才,必須是

↓

必須是100%可以「信賴」的人。包括:
1. 個人能力可以信賴。
2. 個人品德、人格可以信賴。
3. 核心價值觀可以信賴。

↓

「信賴」是晉升王道!

十、要晉升的人才,必須小心「馬謖型人才」

何飛鵬首席執行長認為:公司裡面晉升人才,要注意小心馬謖型的人才。他提到,主管用人或晉升人才,大多喜歡傑出的人才,傑出人才能說善道,會做事當然是好事;可是這種人才如果自以為是,太過自負,終究可能犯下不可思議的大錯,這種人是歷史上讓孔明兵敗失街亭的馬謖。他又說:「主管永遠要小心馬謖型的人才:自以為是,好大喜功,求勝心切,不接受約束。」

圖 45-10

何飛鵬首席執行長：
- 公司要晉升的人才，必須小心

↓

避免提拔晉升馬謖型的人才：
1. 自以為是
2. 好大喜功
3. 求勝心切
4. 不接受約束

第 2 篇　成功企業家的用人與晉升之道（計 16 個案例）

案例 8　日本京瓷集團：稻盛和夫創辦人、前董事長

一、要晉升具有「經營者」意識的人才

稻盛和夫創辦人主張：公司不管大小，永遠記得：要提拔具有「經營者」意識的人才。這種人才，具備有：
（一）能為公司創造新的營收及獲利來源的人才
（二）能為公司解決經營困境而突圍而出的人才
（三）能具有前瞻性且能布局未來成長性的人才
（四）能洞悉環境變化下新商機掌握的人才

圖46-1

稻盛和夫創辦人：
- 公司永遠要提拔晉升具有「經營意識」的優秀人才

這種「經營型」人才，具備：
1. 能為公司創造新的營收及獲利的人才
2. 能為公司解決經營困境突圍而出的人才
3. 能具前瞻性且能布局未來的人才
4. 能洞悉及掌握環境變化下新商機的人才

二、要晉升「不說謊、不騙人、要正直、有正義感」的優良人才

稻盛和夫創辦人認為：
（一）過去日本有些大企業的財報造假，引起很多負面形象及受懲罰。
（二）因此，他一直主張凡是要晉升的好人才，一定要做好「傑出人格」的人才，即：「不說謊、不騙人、要正直、有正義感、要正派」的優良人才，才可以受提拔。

圖46-2

稻盛和夫創辦人：
- 認為要晉升的人才，必須有「傑出人格」

即：
「不說謊、不騙人、要正直、要正派、有正義感」的優良人才

要有「傑出人格」

三、要晉升的人才，必須是「有實力」、「有成果」、「有績效」的優良人才

稻盛和夫創辦人主張：

（一）在組織營運上，有一件重要的事，就是要讓真正有實力、有成果、有績效的人才，長久待在組織裡，才會產生良性正向循環，公司才會愈來愈壯大，而不是停滯不前。

（二）我們日本京瓷集團，長久以來，就是採取「實力主義」為根本大原則，而順利營運至今天的。

圖46-3

稻盛和夫創辦人：
- 主張要提拔晉升的人才，必須是

→ ・有實力
・有績效
・有成果
的優秀人才！

→ 採取：
「實力主義」
拔擢好人才

案例 8　日本京瓷集團：稻盛和夫創辦人、前董事長

四、要晉升的人才，必須擁有「強烈使命感」投入工作的人才

稻盛和夫主張：

（一）在日本京瓷集團裡，要晉升的人才，必須永遠懷抱著「說什麼都要予以實現」及「再困難的任務也要完成它」的一種強烈使命感的優良人才。

（二）有強烈使命感的人才，才會每天認真、用心、勤奮、想盡辦法、一定要100%完成的去工作及達成使命目標。

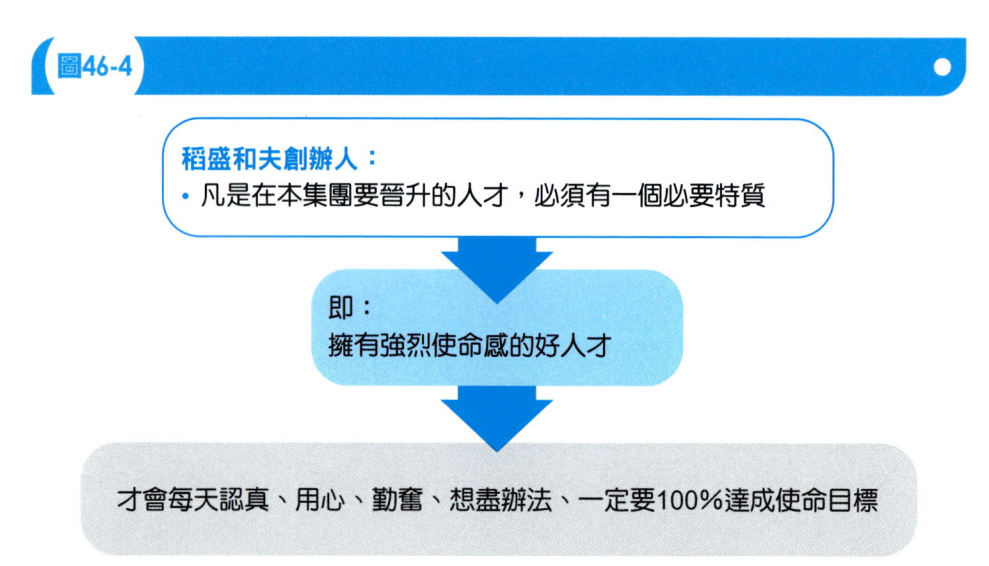

圖46-4

稻盛和夫創辦人：
- 凡是在本集團要晉升的人才，必須有一個必要特質

↓

即：
擁有強烈使命感的好人才

↓

才會每天認真、用心、勤奮、想盡辦法、一定要100%達成使命目標

五、要晉升的人才，必須是：遇事能靈活／敏捷應變的人才

稻盛和夫認為：

（一）我們經營各種事業，面對的是瞬息萬變的市場；如果在公司組織上及人員上，都無法靈活／敏捷應變的話，那公司終究會陷入衰退、落後、下滑的不利結果。

（二）因此，我們一定要打造出一支能夠即時因應市場變化，而每一時刻都能立即作戰的組織體及人員。

圖46-5

稻盛和夫創辦人：
- 認為要晉升提拔的人才，必須具備

↓

「創造性」特質的優良人才

↓

絕不能老是「安於現狀」，而是要「經常從事創造性的工作」，如此，公司才能永保成長！

六、領導者要「站在最前線」，不要把一切全部交給第一線

（一）稻盛和夫創辦人對於要拔擢為中高階的領導人才，有一項獨特的要求：就是這些中、高階領導人才，一定要「勇於站在第一線」才行。

（二）他認為中、高階領導人親身到第一線去，可以鼓舞在第一線的員工；也可以了解並解決第一線員工的問題；如此並肩作戰，底下第一線的員工才會信賴上面的領導主管。

圖46-6

稻盛和夫創辦人：
- 認為要晉升拔擢為中、高階主管的人，必須是

↓

經常「走上第一線」視察及協助部屬的優良人才

↓

如此，底下第一線員工，才會信服高階的領導群

七、要晉升的人才，必須是「不亞於任何人的努力」

稻盛和夫創辦人主張：

（一）凡是在本集團要晉升的人選，必須是「不亞於任何人的努力」及「繼續不斷地付出熱情與努力」的優良人才。

（二）他說，很多員工一旦工作久了，就呈現出懈怠感、無聊感；或遇到難題，就丟給上級，而不自己努力想盡辦法解決它；這些人都是不能得到晉升的；因為他們並不喜歡也不努力現在正在做的事情，公司交到這些人手上就會逐漸衰敗的。

圖46-7

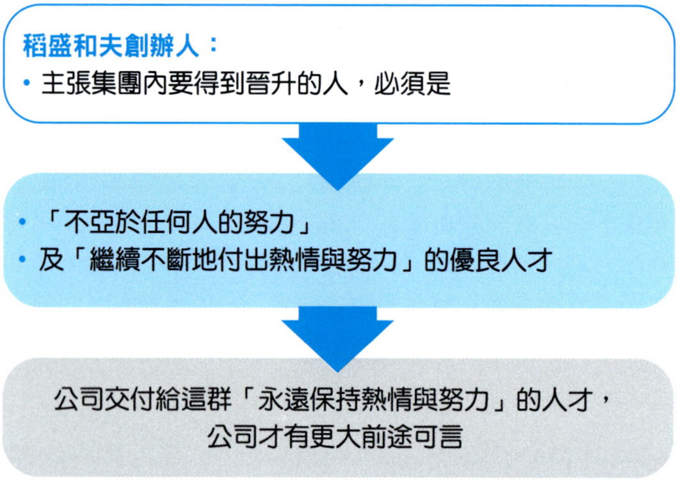

稻盛和夫創辦人：
- 主張集團內要得到晉升的人，必須是

↓

- 「不亞於任何人的努力」
- 及「繼續不斷地付出熱情與努力」的優良人才

↓

公司交付給這群「永遠保持熱情與努力」的人才，公司才有更大前途可言

八、要晉升的人才，必須是「無論如何都要達成目標」的人才

稻盛和夫總裁堅持：

（一）公司／集團要晉升提拔的人才，必須是「無論如何都要達成目標」的優良人才。

（二）很多員工在無法達成目標時，立刻找藉口、立刻調降目標，這種人才不具挑戰心與堅定毅力及信心，也不能對目標貫徹到底，這種員工不能給予晉升。

圖46-8

稻盛和夫創辦人：
・要提拔晉升的人才，必須是

↓

堅持「無論如何都要達成目標」的堅強意志力與毅力信心的優良人才

↓

公司讓一群達不成目標的員工或主管掌權，
那這公司就不可能有再向上成長的空間。

九、要晉升的人才，必須是擁有「膽識」特質的人才

稻盛和夫創辦人堅持：
（一）凡是集團內要晉升重要職位的人才，必須具有「膽識」的特質才行。
（二）所謂「膽識」，是指在「見識」的基礎上，加入膽子，也就是加入「勇氣」；亦即，無論什麼障礙或風險出現在眼前，你都能做出正確的判斷，並大膽下決定，帶領企業走向正確的方向與戰略。

圖46-9

稻盛和夫創辦人：
・主張集團內要晉升重要職位的人，必須是

↓

擁有「膽識」的堅毅與勇氣的優良人才

↓

能大膽下正確決定，帶領集團突破困境，走向正確的方向與戰略

案例 9　愛爾麗醫美集團：常如山總裁

一、要晉升的人才，必須要「會做人」，做人比做事重要

常如山總裁認為：

（一）常如山時常說：「念書最後一名無所謂，但做人要第一名」；他表示：做事能力當然重要，但會做人比會做事更重要。

（二）他說：「把你好的東西分享給別人，這樣人緣才會好。」

（三）他又說：「要去照顧別人，對長輩要尊重，對同輩要尊敬，對晚輩要提攜；而且，人前人後講話要一致，做人要講話算話。」

（四）他認為：「人世間最快樂美好的事情，不是吃大魚大肉或擁有多少財富；而是去幫助人家，贊助弱勢族群，分享那顆喜悅的心。人世間最快樂的事情，就是付出與奉獻。」

（五）所以，他晉升的優良人才，必是會做事、但更會做人的人才。

圖47-1

常如山總裁：
- 要晉升的人才，必須是這樣的人

↓

- 會做事，但，更會做人的優良人才
- 做人比做事更重要

二、要晉升的人才，必須具備「勇往直前的膽識」及「前瞻性眼光」

常如山總裁指出：集團有很多人會做事，能把當前的事做好；但面臨風險、危機、困頓、挑戰等狀況時，就會猶豫不決，瞻前顧後，心中怕怕的；缺乏「勇往直前的膽識」及「前瞻性眼光」；這種人才，是不能晉升拔擢為中高階主管。

圖47-2

常如山總裁：
- 要晉升中、高階主管的人才，必須具備

↓

- 勇往直前的膽識
- 前瞻性眼光

↓

才能為企業的未來及短暫困境，打出一片新光明、新前途及新遠景

三、要晉升的人才，必須要能經常「站在第一線觀察及聆聽」，才能搶先商機

常如山總裁堅持：天道酬勤，做任何單位、任何事情，總要很勤勞、很堅持一樣；如果人才能經常站在第一線，可以直接聽到消費者及員工的心聲，可以隨時做調整，以貼近市場，為公司貢獻更大、更多。

圖47-3

常如山總裁：
- 要晉升的人才，必須是

↓

能經常「站在第一線觀察及聆聽」，才能搶先商機

↓

企業不需要常躲在後面的人，反而是站在前面第一線，了解現況，掌握現況的優良人才

四、要晉升高階主管的人才，必須「與員工分享利潤」，及「形成共好」

常如山總裁指出：凡是想晉升為本集團高階主管的人才，必須做到「無私、無我」，而且必須大方與全體員工共同分享營運上的獲利，大家都有可觀的分紅獎金可拿，形成高階與全體員工共好的結果；絕不可以高階主管個人拿到最多的獲利，這是不公平的；因為，公司每年有獲利可拿，那是因為底下全體員工的共同努力與付出的結果，而不是高階主管所成就的。

圖47-4

常如山總裁：
- 凡是想晉升高階主管的人才，必須做到

↓

1. 無私、無我
2. 公司獲利，必須拿出來與全體員工共同平等分享

五、要晉升的人才，首重他的「品德」

常如山總裁堅持：
（一）集團要晉升每一位員工，必須首重他的「品德」如何。
（二）他說：在看人、用人這塊，我特別重視品德，包括醫生，也是先看他的品德，再看他的技術。技術可以練，但品德是一個人的本質，可以從與他說話的過程中觀察出來；本質，這種東西基本上不會變的。
（三）他說，在上層的主管，如果品德出問題，那公司被搞垮的機會很大的。這一點「首重品德」，絕對要堅持。

圖47-5

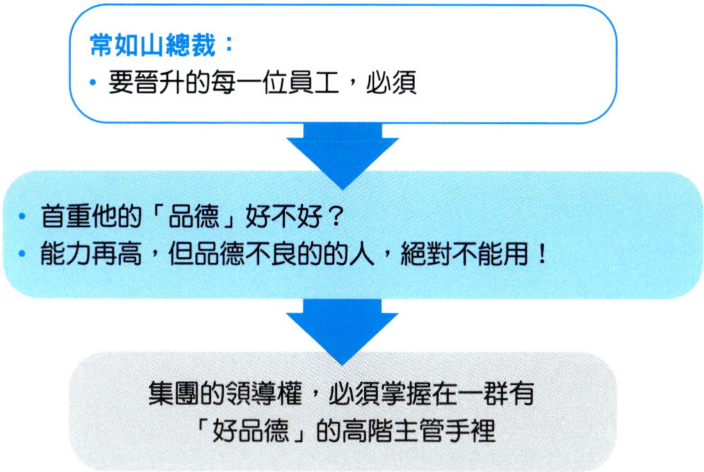

常如山總裁：
- 要晉升的每一位員工，必須

↓

- 首重他的「品德」好不好？
- 能力再高，但品德不良的的人，絕對不能用！

↓

集團的領導權，必須掌握在一群有「好品德」的高階主管手裡

六、要晉升的主管人才，必須做好：「正派」及「以身作則」的條件

常如山總裁表示：

（一）集團要晉升每一位主管之前，一定要觀察他是否「行事正派」、以及是否能「以身作則」。

（二）他說：你做得正不正，底下員工都在看，即使你是老闆，底下員工也會私下議論的。

（三）他說：如果做主管的、做老闆的，你行事不夠正派，你不能做好「以身作則」，那又要如何領導及管理底下這些部屬呢？

圖47-6

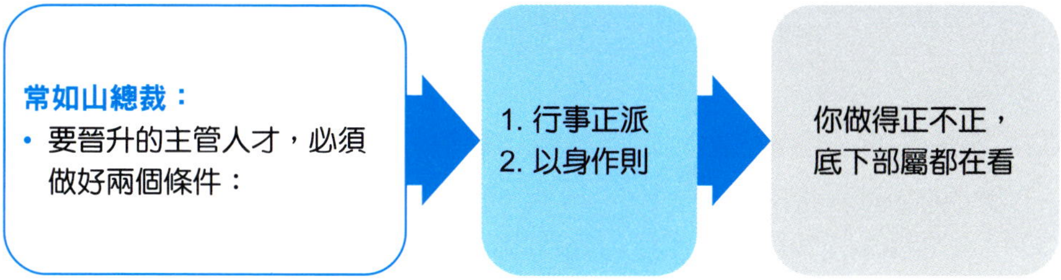

常如山總裁：
- 要晉升的主管人才，必須做好兩個條件：

→

1. 行事正派
2. 以身作則

→

你做得正不正，底下部屬都在看

案例 10　台達集團：鄭崇華創辦人、前董事長

一、要晉升的人才，必須具備「正派」、「信用」、「真誠」的人格特質

鄭崇華創辦人堅持：

（一）信用是無價的，無論是就業或自行創業，誠信，都是我最高的行事準則。
（二）在重利、競爭的商場上，若能保持一貫真心，真誠相待，更能贏得信賴，成就長久合作的夥伴關係。
（三）只要正派經營，就可以獲得訂單。
（四）有情有義的行事風格，就會贏得部屬敬愛。
（五）待人以誠，就會屢獲貴人相助。
（六）誠信無價，是商人的立身之本。
（七）要開大門，走大路。

圖48-1

```
鄭崇華創辦人：
・要晉升的人才，必須擁有
         ↓
正派、信用、真誠的人格特質
         ↓
    企業經營才會成功
```

二、要晉升的人才，必須經常擁保持「憂患意識」及「危機意識」

鄭崇華創辦人指出：

（一）經營事業及要提拔的人才，必須經常性擁有「憂患意識」+「危機意識」，要永遠戰戰兢兢踏穩每一步就行。
（二）如果不堅持「憂患意識」+「危機意識」，那企業的成功，只是一時的，

不會是永遠的;因為,隨時有競爭對手追趕著你及外部大環境變化的衝擊。

圖48-2

鄭崇華創辦人:
- 要晉升的人才,必須經常懷抱

↓

「憂患意識」+「危機意識」

↓

企業才會長期性的領先下去

三、要晉升的人才,必須「勤學習」,並練就「慎思明辨」能力

鄭崇華創辦人指出:
(一)台達集團規定,要晉升的人才,必須永遠「勤學習」,並練就如何「慎思明辨」的能力。
(二)員工在工作上或訓練課程上,能夠「勤學習」,就會保持與時俱進的不斷成長與進步,那整個組織的競爭力就會大大提升起來了。
(三)再者,員工或主管在工作上,遇事就能慎重思考與明辨是非,那事情一定可以做好、做成功。

圖48-3

鄭崇華創辦人:
- 要晉升的人才,必須具備

↓

「勤學習」+「慎思明辨」的能力

↓

就能保持與時俱進的競爭力

四、要晉升的人才，必須是能「堅持品質」的人才

鄭崇華創辦人表示：

（一）堅持品質，是永續經營的根基。台達成立以來，一直以品質取勝。
（二）每一個人都是公司的品管員。
（三）品管制度化是長遠經營之道。
（四）品質好口碑，是最好的推銷員。
（五）品質第一，是台達人的永遠信念。
（六）沒有品質，就沒有明天。
（七）客戶的口碑，就是品質保證，可以為企業創造無形的價值。
（八）要不斷用心改善，做出高品質產品。

圖48-4

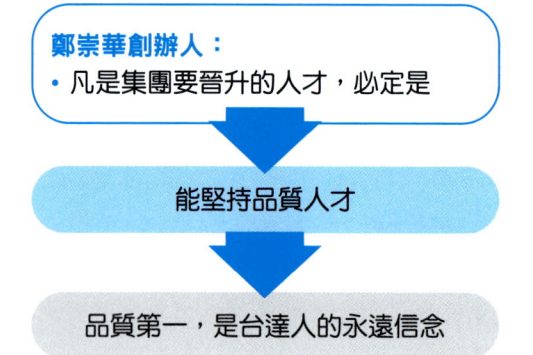

鄭崇華創辦人：
・凡是集團要晉升的人才，必定是

↓

能堅持品質人才

↓

品質第一，是台達人的永遠信念

五、要晉升主管的人才，必須能「知人善任」且「用真心回饋員工」

鄭崇華創辦人表示：

（一）台達公司能有今天，都是全體員工做出來的，不是我創辦人。
（二）一家公司如果員工沒有得到合理的對待，工作沒有成就感，也不以公司成長為榮，即使公司再賺錢，也沒有什麼值得驕傲。
（三）要對員工非常寬容，也給員工自由發揮的舞台和空間。
（四）我們是很正派經營的公司，從沒有辦公室政治文化。
（五）做為一個主管，他必須知人善任，賞識員工的優點。
（六）每個人都有長處，主管要多看員工的優點，把人才用在對的地方；如果每個人的優點都能被發掘出來，會有更大發揮空間。

（七）很多人才流失，是主管不了解他的價值。
（八）要把人用在對的地方；如果把人放錯位置，員工做不好，就會離開，這就是主管的錯。

圖48-5

鄭崇華創辦人：
- 要晉升主管的人才，必須能

↓

「知人善任」且「用心、真心回饋員工」

↓

- 看員工，要看他的優點
- 天下，是全體員工打造出來的！更要回饋員工

六、要晉升的人才，必須是「快速敏捷」與「使命必達」的人

鄭崇華創辦人指出：
（一）在瞬息萬變的變局中，就是要能快速、敏捷的應變，才能洞察趨勢，掌握機先。
（二）決策靈活、全力以赴，使命必達，乃為成功致勝之道。
（三）台達成功的關鍵之一，就是「快」，凡事要求快速應變。
（四）快速的決斷力、行動力，加上人人全力以赴，且使命必達。
（五）「不說不」的原則，讓台達即使遇到再大的難題與困境，都會想辦法加以克服及解決的。

案例 10　台達集團：鄭崇華創辦人、前董事長

圖48-6

鄭崇華創辦人：
• 要晉升的人才，必須是

↓

「快速敏捷」與「使命必達」的優良人才

↓

才能使企業決策靈活、全力以赴，成功必勝

七、要晉升的人才，必須能「洞燭機先」、「創新一定要夠快」的人才

鄭崇華創辦人要求：
（一）台達是全球效率第一的電源製造大廠，在電源供應器市場始終居龍頭地位；其「創新的研發力」，持續引領世界創新的腳步。
（二）他秉持的信念是：台達要一直走在人家前面，而不是只做一個追隨者。
（三）創新，就是要一試再試，不斷精進；只有當你做好準備，機會來臨時才能抓得住。
（四）台達的核心競爭力，來自於技術領先，而創新是核心價值。

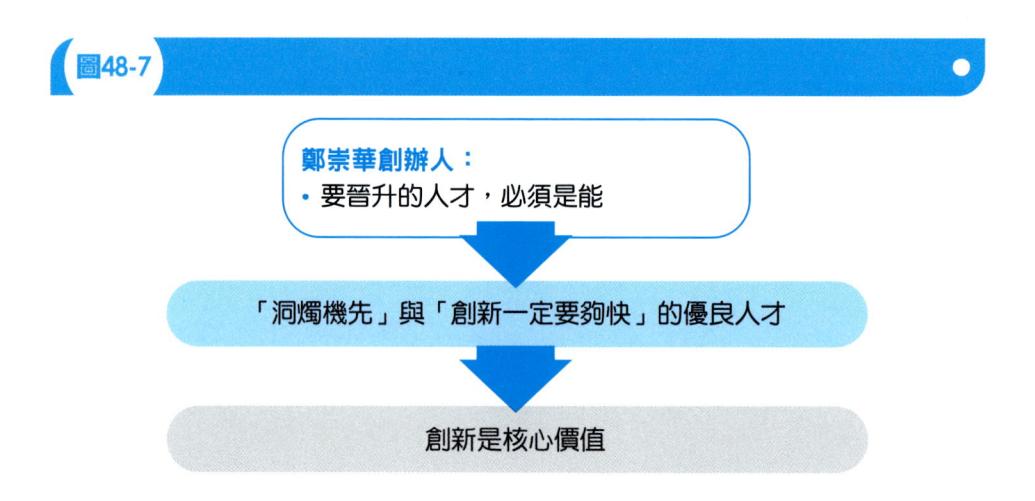

圖48-7

鄭崇華創辦人：
• 要晉升的人才，必須是能

↓

「洞燭機先」與「創新一定要夠快」的優良人才

↓

創新是核心價值

案例 11　日本索尼（Sony）集團：平井一夫前董事長

一、要晉升主管的人才，必須是能做出「變革」與「改革」的人

日本索尼（Sony）集團前董事長平井一夫表示：

（一）要晉升主管的人才，在當公司陷入嚴重虧損的時刻，他必須是能做出「變革」與「改革」的優秀人才。

（二）日本索尼集團在 2010～2011 年兩年中，面臨嚴重的虧損，新任社長平井一夫，大力展開事業及人事的「大變革」與「大改革」。

圖 49-1

平井一夫前董事長：
- 要晉升主管的人才，必須是能做出

↓

「大變革」、「大改革」的優良人才

↓

集團才有拯救起來

二、要晉升的人才，必須是「不當阿諛奉承」的人

平井一夫前董事長表示：

（一）索尼集團所晉升的員工或主管，絕對不能是一個經常阿諛奉承長官的不良人才，反而是晉升的人才，一定要實話實說，不能隱瞞、不必阿諛奉承，不能報喜不報憂，也可以講出不同於長官決策的看法、想法及建言。

（二）當每個員工、每個主管都講真話、都不必奉承長官時，這個公司就會有好的企業文化。

案例 11　日本索尼（Sony）集團：平井一夫前董事長

圖49-2

平井一夫前董事長：
・索尼集團要晉升的人才，必須是

↓

不當阿諛奉承的人，要講真話，要做實事

↓

就能建立優良的索尼企業文化

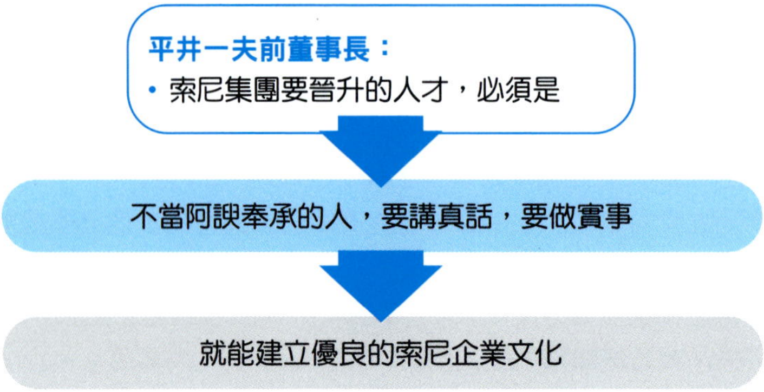

三、要晉升的人才，必須要經常「主張不同，才最好」、「講出歧見」的人才

（一）平井一夫前董事長堅持一項晉升人才的與眾不同，即：
　　1. 要經常「主張不同，才最好」。
　　2. 要敢「講出歧見」。
（二）平井一夫前董事長認為：部屬與他，彼此的主張不同，才能琢磨出最恰當的答案出來；找到答案，便不該拖延，理應儘快去執行。
（三）平井一夫又說：領導者要先專心聆聽別人的意見；尤其會議剛開始的時候，我董事長都儘量不說話；如果領導者搶先發言，其餘的人就不方便表示意見。故，開會，一定要讓大家暢所欲言，然後，我再做出結論。

圖49-3

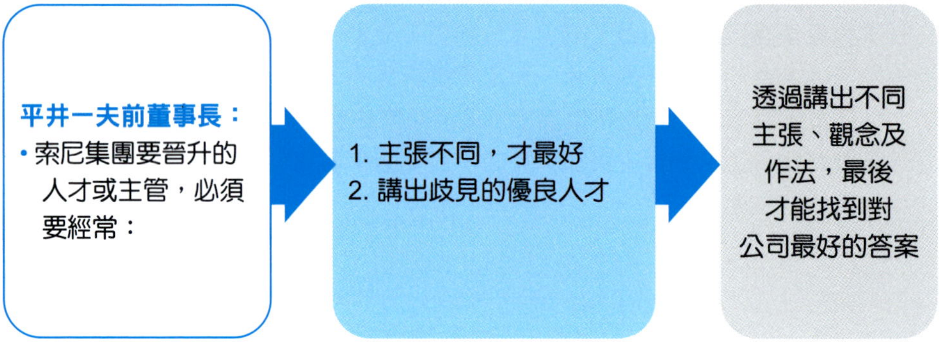

平井一夫前董事長：
・索尼集團要晉升的人才或主管，必須要經常：

→

1. 主張不同，才最好
2. 講出歧見的優良人才

→

透過講出不同主張、觀念及作法，最後才能找到對公司最好的答案

四、要晉升的主管人才，必須要能「找到對的方向」及「向對的方向，全力衝刺」

平井一夫前董事長指出：

（一）集團晉升中高階主管的條件之一，就是要能「決定方向」及「找對方向」並「全力衝刺」，負起責任來。

（二）平井一夫指出：高階主管並不是高高在上，出出嘴巴，坐井觀天；反而應是要負起責任來，正確的指出集團未來的成長方向、事業方向、技術方向、競爭力方向、及獲利方向，並對這些方向，全力衝刺，務必達成，以使企業能百年永續經營下去。這才是要晉升的中高階潛力主管優良人才。

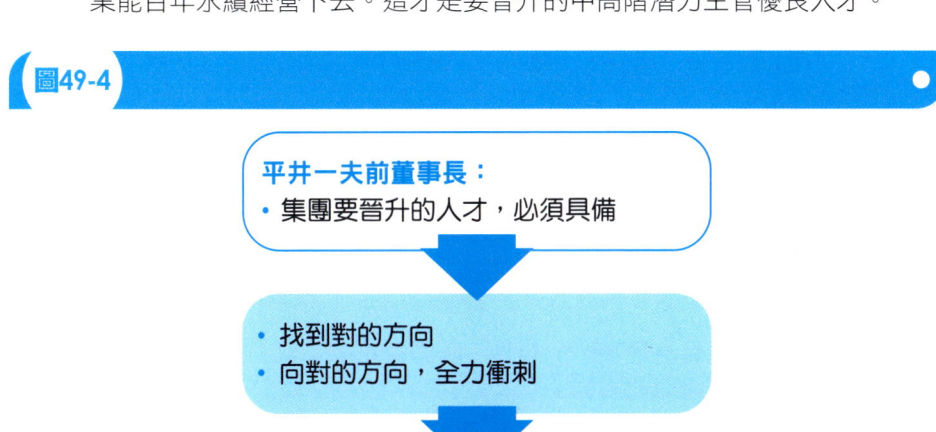

圖49-4

平井一夫前董事長：
- 集團要晉升的人才，必須具備

↓

- 找到對的方向
- 向對的方向，全力衝刺

↓

確保企業長期、永續、獲利、成長的經營下去

五、要晉升的人才，必須與「守舊」、「懷舊」訣別

平井一夫前董事長指出：

（一）集團要晉升的人才，必須不能是「守舊」與「懷舊」的過去式人才；現在，時代已經變了；如果一直用「舊時代的榮耀」來面對新時代，是沒有用的。

（二）我們的每個人才，必須保持「與時俱進」、甚至「超時俱進」、「超前思維」、與「超前布局」的優良人才；提拔晉升「守舊」人才與「懷舊」人才，必會害了公司的發展與成長！

案例11　日本索尼（Sony）集團：平井一夫前董事長

圖49-5

平井一夫前董事長：
・集團要晉升的人才，必須

↓

與「守舊」、「懷舊」永遠訣別

↓

這些舊思維、舊決策、舊作法，會害了公司的發展與成長的

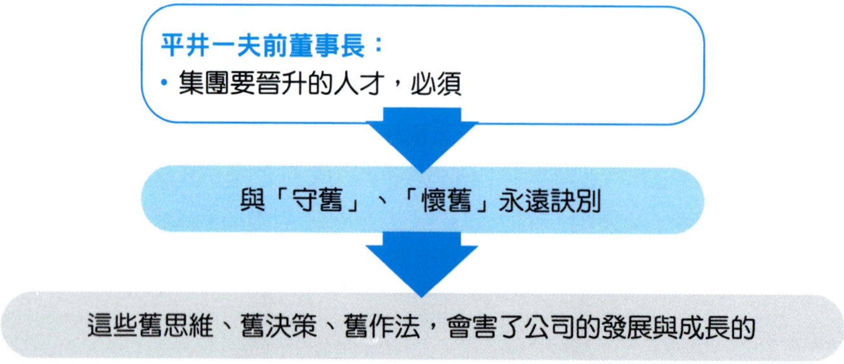

六、要晉升的人才，要勇於「站在第一線」

平井一夫前董事長指出：
（一）集團要晉升的人才與主管，要經常性的勇於「站在第一線」。
（二）他說，過去的社長（總經理）只有下達指示，沒有親自參與其中，這是錯誤的。即使我貴為最高階的社長，我必須親自管理、參與，才能打破公司內部的守舊風氣。
（三）社長唯有站在第一線，才能與全體員工並肩作戰，不斷改善，不斷調整，最後才會成功的。

圖49-6

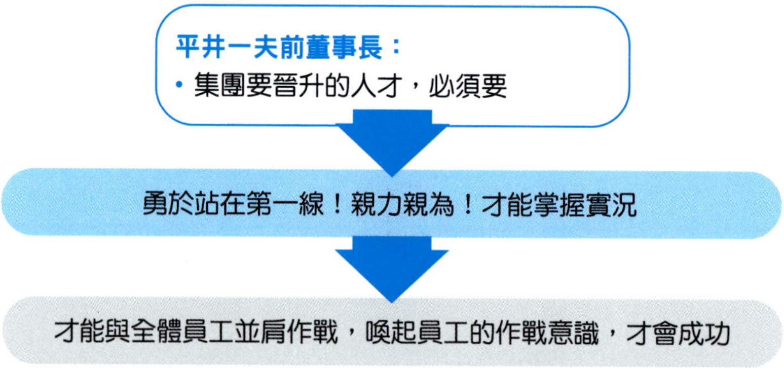

平井一夫前董事長：
・集團要晉升的人才，必須要

↓

勇於站在第一線！親力親為！才能掌握實況

↓

才能與全體員工並肩作戰，喚起員工的作戰意識，才會成功

七、要晉升為中高階主管，要準備做好「逆境中領導者」角色

平井一夫前董事長指出：

（一）Sony 集團是全球化企業，經常會面對全球經濟與經營面的逆境局面，因此，凡是晉升為中高階主管者，必須要有堅強毅力、敏銳眼光及強大信心，準備做好「逆境中領導者」的角色。

（二）平井一夫說：集團化企業不可能天天過好日子的，逆境的苦日子，終究會來臨，中、高階主管更必須做好準備才行。

圖49-7

平井一夫前董事長：
- Sony集團要晉升的中、高階主管，要準備做好

↓

- 「逆境中的領導者」
- 堅強毅力、敏銳眼光、強大信心、做好備案

↓

衝過逆境，就是海闊天空，一路藍天

案例 12　日本無印良品公司：松井忠三前董事長

一、無印良品成立人才的兩種委員會：「人才晉升委員會」及「人才培育委員會」

松井忠三前董事長表示：

（一）「人才」絕對是無印良品最重要的寶貴資產及優先資產，必先做好「人才管理」，才能做好公司的良好經營績效。

（二）而無印良品為「人才管理」，成立兩種委員會：

「人才晉升委員會」和「人才培育委員會」；一個是公司優良員工是否得以晉升；另一個是公司對優良員工，如何加以培養及教育訓練。

（三）這兩個委員會，都是無印良品重要的策略議題。

圖50-1

松井忠三前董事長：
- 公司視「人才」為最寶貴、最優先的資產價值

↓

- 成立兩個委員會：
1. 人才晉升委員會（晉才）
2. 人才培育委員會（培才）

↓

不斷的、持續性晉升潛在優良人才，
及培育潛在優良人才；公司未來發展，才會生生不息

二、要晉升的人才，必須要符合「適才適所」的根本原則

松本忠三前董事長指出：

（一）無印良品的人才晉升，其首要原則，就是做好：適才適所。

（二）他表示，全能的人才很稀少，都是一群有特定領域能力與專長人才居多；

此時,「適才適所」就很重要。
（三）當全體員工,都能「適才適所」,發揮他們的專業、興趣、與能力時,這公司自然就能成長起來、強大起來。

圖50-2

```
松井忠三前董事長         「適才適所」      當全體員工每個人都是
• 集團要晉升的人     →                →   適才適所,這公司自然
  才,必須：                              就能發展起來
```

三、要晉升的人才,必須具有「全球型」的人才

松井忠三前董事長指出：

（一）無印良品是全球化集團,在亞洲、歐洲、美洲都有不少營運據點,未來要培育及晉升的人才,必須具有「全球型」語言能力、思維能力及行動力的優良人才。

（二）「全球型人才」仍很缺乏,必須加強培養、培訓及選拔,才能使無印良品在全球幾十個國家的據點,順利營運。

（三）當然,無印良品也會採取「全球化人才在地化」的方針,長遠看來,拔擢晉升在地優良人才也必然是必要的政策。

圖50-3

```
松井忠三前董事長：
• 要晉升的人才,必須具有
          ↓
       「全球型人才」
          ↓
    才能成功落實成為全球化的企業
          ↓
「全球化人才」+「在地化人才」 成功的全球化企業
```

四、要晉升的人才，必須是「能設法解決問題」的人才

松井忠三前董事長要求：無印良品要晉升的人才，有一個共通要求，就是「能設法解決問題」的優良人才；這種人才，能經常思考、經常動腦、經常有想法、經常做好問題解決的準備行動，以及經常搜集國內外豐富資訊，以累積判斷力及問題解決力；能使公司渡過一個一個的難關，而順利營運。

圖50-4

松井忠三前董事長：
- 要晉升的人才，必須要有一個共通條件，即

↓

「能設法解決問題」的優良人才

↓

- 要經常動腦
- 要經常思考
- 要經常有想法
- 要經常搜集國內外資訊、資料
- 要經常做好問題發生與解決的方案

↓

使公司順利渡過一個一個的難關

案例 13　雲品大飯店集團：盛治仁董事長

一、要晉升主管的人才，必須要有「長遠布局的眼界」

盛治仁現任董事長指出：

（一）《三國演義》中，諸葛孔明運籌帷幄，克敵制勝的關鍵，不在於千萬兵馬或裝備精良，而是「長遠布局的眼界」能力與思維。

（二）他認為，當晉升為主管也是一樣，一個主管對公司最大的貢獻，絕對不在加班到多晚，或衝出多亮眼的績效。當然，這些都很重要，但有能力對部門或公司規劃出中長期發展，才是晉升主管功力見真章之處，也是主管及部屬間最大差異。

（三）他說：我把長遠布局的能力稱之為「棋手」，這是我認為擔任主管最重要的核心職能之一。

（四）棋手的本事，包括：時時把「團隊的未來」放在心上，且能兼具短、中、長期的思考，能帶領團隊踏實前進。

（五）往往此刻的一個重要決定，就改變了團隊的未來。

（六）我和我們張安平總裁共事時，發現他總是想得很遠。

（七）所以，每個晉升為中、高階主管的人才，一定要帶著「棋手」的胸懷及遠見，繼續努力鞭策自己的進步。

圖51-1

盛治仁董事長：
- 要晉升主管的人才，必須要有

↓

「長遠布局的眼界」能力

↓

- 時時把「團隊的未來」放在心上
- 能兼具短、中、長期的思考，帶領團隊踏實前進
- 總是要想得很遠

案例 13　雲品大飯店集團：盛治仁董事長

二、要晉升的主管人才，必須要能為公司「建立完整制度化運作機制」

盛治仁董事長指出：

（一）要晉升的主管人才，必須要能為公司及為他的部門／單位／工廠等，建立起及不斷優化公司的「完整性制度化運作機制」才行；這是一家公司或集團要持續擴張與壯大的最重要基礎工程與主管的責任。

（二）盛治仁董事長指出，我們要長遠的經營事業，就必須從「人治」轉為「法治」，如此，組織才能走得長久，也可以一棒一棒傳承下去。

（三）公司各種制度設計完成及執行之後，仍必須不斷與時俱進，要因時、因地而不斷的修正、調整、優化、更健全及更棒的機制運作；如此，公司或集團的地基穩固，就能持久的壯大及擴張事業版圖下去。

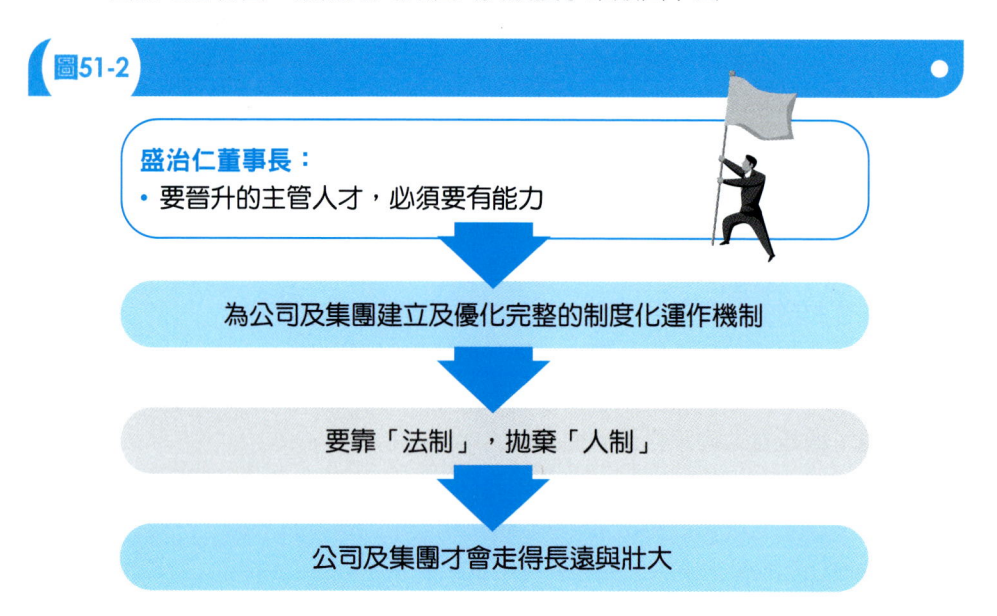

圖51-2

盛治仁董事長：
- 要晉升的主管人才，必須要有能力

↓

為公司及集團建立及優化完整的制度化運作機制

↓

要靠「法制」，拋棄「人制」

↓

公司及集團才會走得長遠與壯大

三、要晉升的人才，必須具備「求知若渴」及「與時俱進」的學習精神

盛治仁董事長指出：

（一）透過持續性的學習及讀書，能幫助我們在遇到問題時，發掘出更多的可能或是能解決困難問題，這是很好的自我鍛鍊。

（二）盛治仁董事長表示，身為晉升主管，尤其不能失去「求知若渴」，更要能「與時俱進」。

（三）他認為：身為晉升主管有沒有能力，比同仁部屬有更深刻的看到問題、及找到高明的解決之道，也有賴於「持續學習」。

（四）他表示：當你身為主管，但你的知識、觀念、作法都停留在 20 年前時，你又如何有效領導你底下的部屬呢？

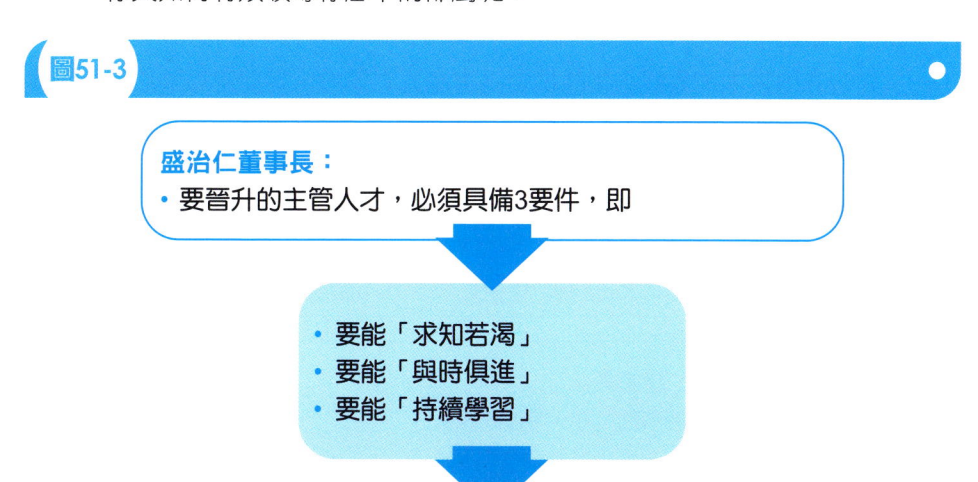

圖51-3

盛治仁董事長：
- 要晉升的主管人才，必須具備3要件，即

↓

- 要能「求知若渴」
- 要能「與時俱進」
- 要能「持續學習」

↓

才能順利、有效的領導你的部門及部屬

四、要晉升的主管人才，必須具有「人無遠慮，必有近憂」的思維

盛治仁董事長表示：

（一）俗話說「人無遠慮，必有近憂」；如果企業經營不經常設想可能出現的問題或不利環境變化，很容易忙於救火，每天都疲於奔命。

（二）所以，做為要晉升為中、高階主管的人才，都必須隨時充滿經營的「危機意識」與「居安思危」，如此，才能預做各種備案，平安度過各種未來性挑戰與問題點。

（三）盛治仁說，如果當上主管，就開始感到安逸或對屬下頤指氣使，你就等著被超越。

圖51-4

盛治仁董事長：
- 要晉升的主管人才，必須具有：

→ 「人無遠慮，必有近憂」的思維及備案意識

→ 公司才能平安度過各種可能的挑戰及威脅點

五、要晉升的人才，必須做好「定期回報進度」，別讓長官或老闆等待太久

盛治仁董事長表示：

（一）要晉升的人才，最好必須做好對長官或對老闆的「定期回報進度」；別讓長官或老闆等待太久，或未見即時回報。

（二）現在「e-mail」或「LINE 群組」聯絡及告知，都很快速及方便，應加以善用且要快速，以解長官或老闆的急切等待之心情。

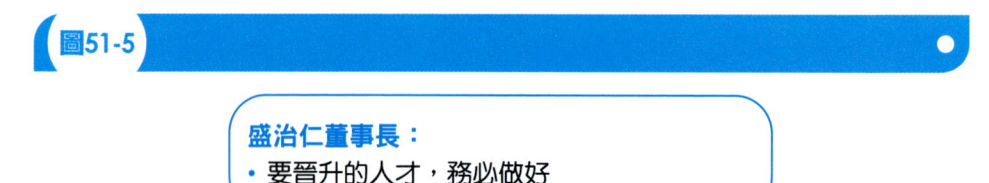

圖51-5

```
盛治仁董事長：
・要晉升的人才，務必做好
          ↓
・「定期回報進度」
・以解長官或老闆的等待急切之心情
          ↓
用：LINE群組、或e-mail或電話或當面報告等4種方式，均可
```

六、要晉升為主管的人才，必須做好「對部屬的傾聽」，以讓部屬感受到你的心意

盛治仁董事長表示：

（一）要晉升為主管的人才，必須做好「對部屬的傾聽」；以讓部屬能感受到來自長官的真心意，而使部屬更願意服務你及追隨你的領導及管理。

（二）盛治仁董事長表示，有些人升官當主管之後，就高高在上，不願傾聽部屬的心聲及意見，這些主管就是失敗的主管。

圖51-6

盛治仁董事長：
- 要晉升為主管的人才，必須做好

↓

對「部屬的真心傾聽」，以讓部屬感受到你的心意

↓

- 才能成為成功的主管
- 而非高高在上而已

（三）要把每一次任務當成最後一次，用盡全力、拼出成績，才能贏得公司及長官的信任及全力栽培。

圖51-7

盛治仁董事長：
- 要晉升為主管的人才，必須是

↓

- 「有潛力的人才」
- 主管更必須做到「知人善任」

↓

做出成績來，才會贏得公司及長官的信任及全力栽培

七、要晉升的人才，必須是「有潛力的人才」，主管更須做到「知人善任」

盛治仁董事長指出：

（一）所謂「知人」，不可能只靠一次兩次，我幾乎是隨時隨地都在觀察同仁，衡量那些人才有潛力，值得繼續栽培。

（二）坦白說，我看錯的還不只一個人，有時也會被學歷誤導，有時會被面試時對方展現的口才說服。等進來後，才發現性格有問題，態度不積極、缺乏團隊精神等。

（三）唯有靠著一次又一次的成功，累積出好成績，贏取信任，職涯才能不斷向上攀升。

案例 14　美國 Amazon（亞馬遜）：貝佐斯創辦人

一、要晉升的人才，必須要具備「宏大構想」的前瞻性高級人才

貝佐斯創辦人主張：

（一）Amazon 集團要晉升的高級人才，是必須具備「宏大構想」的前瞻性高級優良人才。

（二）貝佐斯強調要晉升的高級人才，必須在腦海中及行動中，都具備有「宏大構想」事業心的優良人才。

（三）他說：多年來，我所創辦的亞馬遜電商事業、AWS（雲端服務）事業、Amazon Prime（尊榮會員服務）事業等，在十多年前，都是被視為具有「宏大構想」事業的大膽想法，如今都能成功實踐出來。

（四）二十多年前，有人不看好我及這些「宏大構想」，如今，它們都能成功；唯有堅持「宏大構想」，事業發展才可大、可久、可長、可強。

圖 52-1

貝佐斯創辦人：
- 要晉升的高級人才，必須具備

↓

「宏大構想」的前瞻性優良人才

↓

如今，這些二十多年前的「宏大構想」都成功實現

二、要晉升的人才，必須深具「創新」的觀念與行動

貝佐斯創辦人堅持：

（一）在 Amazon（亞馬遜）被提拔及晉升的人才，必須嚴格考核他們的「持續創新」、「成功創新」、「前瞻創新」的思維及成果才行。

案例 14　美國 Amazon（亞馬遜）：貝佐斯創辦人

（二）貝佐斯說：唯有持續不斷創新，公司才能永續領先，全面壯大公司的全方位實力與競爭力；也才能成功實現公司的宏大構想。

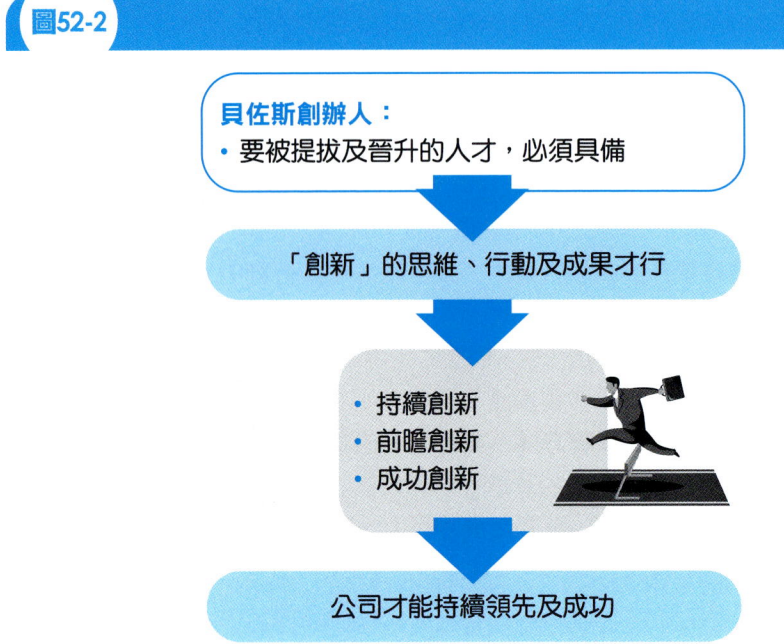

圖 52-2

```
貝佐斯創辦人：
• 要被提拔及晉升的人才，必須具備
            ↓
「創新」的思維、行動及成果才行
            ↓
• 持續創新
• 前瞻創新
• 成功創新
            ↓
公司才能持續領先及成功
```

三、要晉升的人才，必須堅定保持「以顧客為念」的真心

貝佐斯創辦人堅持：

（一）在經營上，堅定的「以顧客為念」，貝佐斯總是思考以下問題：
1. 顧客是誰？
2. 顧客的需求、問題或機會是什麼？
3. 最重要的顧客利益是什麼？
4. 你如何知道顧客的潛在需求及期待是什麼？
5. 顧客體驗是什麼模樣？
6. 如何能再提高顧客對我們的滿意度、信賴度及忠誠度？
7. 如何超越顧客的期待？讓顧客有驚豔感？

（二）所以，貝佐斯必須堅定的要求所有晉升的人才，每個人的內心及行動上，必須深具「以顧客為念」、「顧客永遠第一」的重大理念才行。

圖52-3

貝佐斯創辦人：
- 堅定要求晉升的人才，必須具有

→ 1.「始終以顧客為念」
2.「顧客永遠放第一」

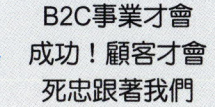

→ B2C事業才會成功！顧客才會死忠跟著我們

四、要晉升的人才，必須擁有「採取長期思維」的觀念

貝佐斯創辦人堅持：

（一）我們相信，成功的一個基本衡量指標，是我們長期創造的股東價值。

（二）我們要做出的決定，是可以使公司在五年後、七年後、十年後、二十年後或百年後，比現在更強壯。

（三）我們將繼續根據長期市場領先地位的考量來做投資決策；而不是考量短期獲利或短期華爾街的反應。

（四）當我們看到有足夠可能性取得市場領先優勢的機會時，我們將大膽的長期投資。

（五）所以，在 Amazon（亞馬遜）要晉升的每一位人員及主管，都必須拋棄短期思維及短線操作，我們要的是「長期思維」、「長期投資勝利」與「長期競爭力」的觀念、決策與行動。

圖52-4

貝佐斯創辦人：
- 要晉升的人才，必須擁有這樣的觀念

↓

「採取長期思維」

↓

- 取得「長期競爭實力與競爭優勢」
- 取得「長期性的股東獲利」
- 不要「短線操作」
- 不要「短淺目光」
- 不要急功近利

案例 14　美國 Amazon（亞馬遜）：貝佐斯創辦人

五、要晉升的主管人才，必須擁有「快速決策」與「崇尚行動」的能力及思維

貝佐斯創辦人指出：

（一）Amazon（亞馬遜）的高階團隊決心讓公司保持「高速／快速決策」，在商界，「速度」很重要。

（二）我很痛恨浪費時間；當公司規模愈大，做決策的時間就拉愈長，這是不對的；要改革的，絕不能「慢慢來」做決策。

（三）在這裡，做出決策不需要所有人都贊同；但決策一旦做出後，大家都必須全力以赴，這就是亞馬遜的企業文化之一。

（四）有時候，不太需要大量廣泛的研究，只要能「慎謀能斷」即可，我們「崇尚行動」（action），而非一再的研究

圖52-5

貝佐斯創辦人：
- 我們要晉升主管人才，必須符合兩大條件

↓

- 一是「快速決策」
- 二是「崇尚行動」

↓

- 絕不能「慢慢來」
- 絕不能「長久做研究」
- 決策做下之後，全體員工必須全力以赴
- 這是我們的企業文化

六、必須能夠聚焦於「高標準」及「高要求」才行

貝佐斯創辦人表示：

（一）建立一個「高標準」、「高要求」文化，其所花費的工夫非常值得，而且有很多好處。

（二）例如，「高標準、高要求」可使你為顧客打造更好的產品與服務，光是這個理由就已經足夠了。

（三）在「高標準、高要求」的企業文化中，每個員工都會被養成：要真正做出顧客有需求、有期待、會驚艷的最好產品及最好服務。

（四）「高標準」、「高要求」，也會為顧客帶來：高的滿意度、信賴度、忠誠度及高回購率。

圖52-6

貝佐斯創辦人：
- 要晉升的人才，必須能聚焦於

- 「高標準」
- 「高要求」

- 才能打造出顧客有需求且滿意的最好產品及最好服務。
- 也會為顧客帶來對我們的「高信任度」、「高忠誠度」及「高回購率」

案例 15　迪士尼集團：羅伯特・艾格執行長

一、必須是能「拿得出可行的解決辦法」的人

迪士尼艾格執行長堅持：

（一）在迪士尼集團要晉升的人才，必須是面對問題或面對困境或面對衰退等狀況時，能夠「拿得出可行的解決辦法」的優秀人才。

（二）任何企業不可能天天、年年在順境之中，外在環境在變化、產業在變化、競爭對手在變化、消費者在變化、科技在變化、公司自己內在條件也在變化之中；這些變化有些是不利的、威脅的、困難的、影響重大的。

（三）所以，公司要渡過這些經營上的種種不利點，就更需要能多一些「拿得出可行的解決辦法」的優秀人才與將才，公司、集團才能順利、持續發展下去、成長下去及活下去。

圖53-1

迪士尼艾格執行長：
- 公司要晉升的人才，必須是要能

↓

「拿得出可行的解決辦法」的優秀將才

↓

才能順利解決公司面對的各種不利點、威脅點、困難點；然後使公司持續活下去！持續成長下去

二、必須是能「敏銳察覺力」與「迅速適應變遷力」的優秀人才

迪士尼艾格執行長表示：

（一）現今世界環境變化及改變很快，不可能永遠輕鬆經營或永遠都能賺錢經營；因此，本集團每位晉升的人才或主管，都必須具備兩項要件能力，即：

「敏銳察覺力」、「迅速適應變遷力」。
（二）凡事的經營面，都要擁有前端的「敏銳察學習力」，以及後端的「迅速適應變遷」，企業才能平穩的繼續發展下去及存活下去。
（三）他指出，有些同仁、有些部門、有些主管在上班時，始終欠缺「敏銳察覺力」，只會每天做做 daily routine（每天日常工作），就想交差了事；這種員工，在迪士尼集團是不合格的、也不是要提拔的人才，這種公司也會日漸沈淪下去的。
（四）艾格執行長表示，若不能事前敏銳察覺，事後也不能適應變遷，那集團將深陷險境之中。

圖53-2

迪士尼艾格執行長：
・迪士尼集團要晉升的人才，必須是要具備兩項要件

↓

1.「敏銳察覺力」
2.「迅速適應變遷力」的優秀人才

↓

集團才能平穩的、不會衰退的永續存活下去、成長下去

三、必須深化本集團核心價值觀的「誠信無價」理念

迪士尼執行長艾格堅持：
（一）凡是在集團內要晉升提拔的人才，必須深化該集團的核心價值觀之一，即最重要的「誠信無價」企業理念。
（二）艾格表示：
每個員工在做人做事上，一定要有深度的「誠信」才行。
　1. 誠：就是做人做事要誠實、忠誠、不可欺騙、要誠心誠意的待人處事。
　2. 信：就是要對人、對事守信用、守承諾、說到做到，不會沒有信用變來變去，改來改去；這樣做事業、做生意，人家就會怕，最後不跟你來往。

（三）艾格說「誠信」是「無價的」，是很難用價值加以衡量的；所以，全體員工都必須將「誠信」化為每個人的一言一行。

圖53-3

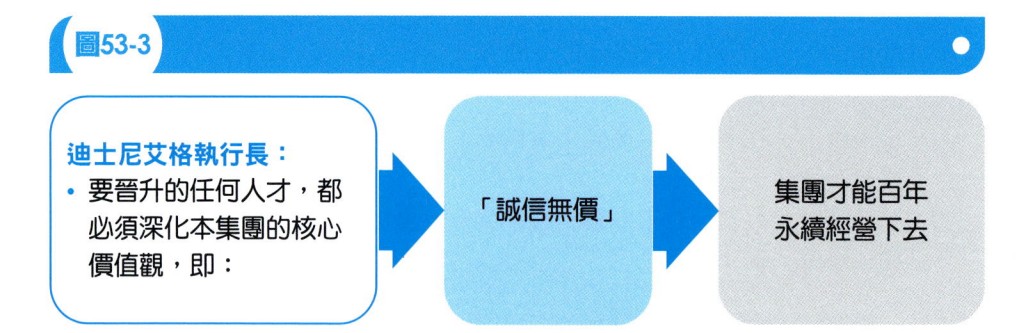

迪士尼艾格執行長：
- 要晉升的任何人才，都必須深化本集團的核心價值觀，即：

→ 「誠信無價」 → 集團才能百年永續經營下去

四、必須具備「創造力」，它是我們一切行動的核心所在

艾格執行長認為：

（一）艾格正往新的方向前進，但「創造力」是我們一切行動的核心。

（二）我們一定要在電影內容創造、電影新技術創造、全球市場創造、票房創造等各方面，發揮我們更多、更有創意、更有高 CP 值、更新的「創造力」才行。

（三）唯有「創造力」，才能持續我們迪士尼各種事業的不斷成長性與永續性。

（四）所以，凡是在本集團想晉升及拔擢的優良人才，一定要具備高超且有績效的「創造力」才行；它是我們事業的最核心根本所在。

（五）別做只求穩健、打安全牌的事；要做有可能創造卓越的事。

圖53-4

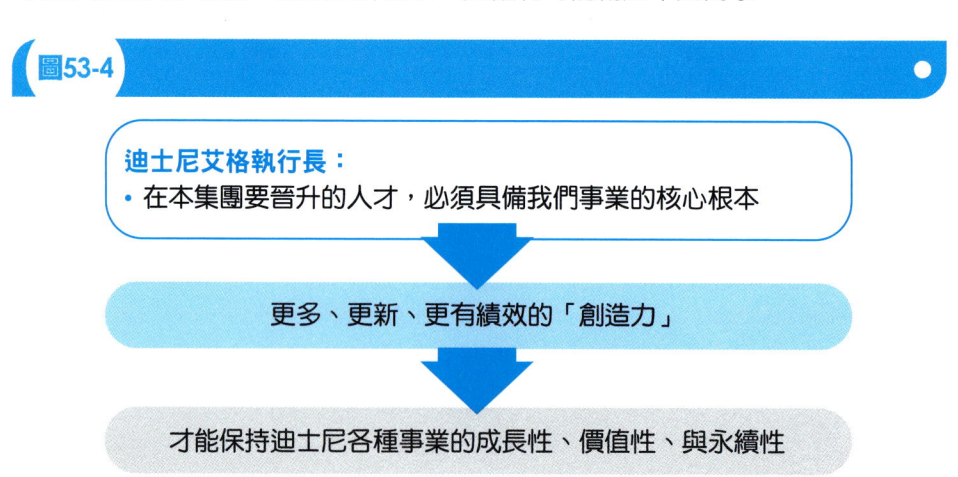

迪士尼艾格執行長：
- 在本集團要晉升的人才，必須具備我們事業的核心根本

↓

更多、更新、更有績效的「創造力」

↓

才能保持迪士尼各種事業的成長性、價值性、與永續性

五、保有人格特質:「勇於負責」、「謙虛待人」及「公正、有同理心的對待眾人」

迪士尼艾格執行長認為:

(一)雖然迪士尼集團做事講求績效及實力主義;但在做人的人格特質上,他要求有下列 3 項:

1. 勇於負責。
2. 謙虛待人。
3. 公正、有同理心的對待眾人。

(二)尤其,要晉升主管的人,在管理及領導底下部屬時,更要注意 3 項的主管人格特質。

圖53-5

迪士尼艾格執行長:
- 要晉升的主管人才,必須具備下列人格特質,即

1. 要勇於負責
2. 要謙虛待人
3. 要公正、有同理心的對待眾人

才能成功、有效的領導及管理底下部屬們

案例 16　聯強國際集團：杜書伍總裁

一、要晉升中高階主管的人才，就是要能「管大事」的人

杜書伍總裁強調：

（一）要晉升為中、高階主管的人才，必須要有「管大事」的能力。

（二）所謂「管大事」，就是指要能抓緊部門的方向與目標，且清楚傳達給部屬；然後訂定策略、規劃組織及人員分工，形成有力的團隊，使部屬能朝明確的方向，全力衝刺，順利達成 KPI 目標。這才是中、高階主管的真正價值產生。

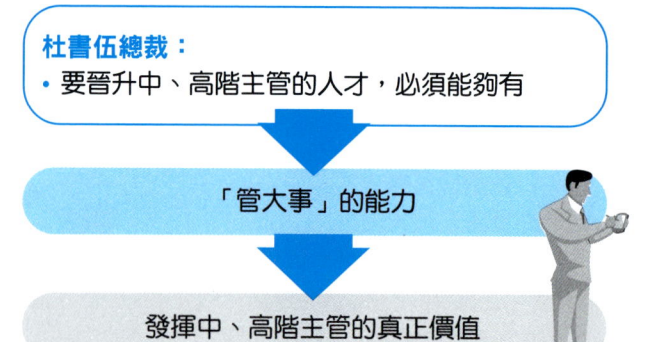

圖54-1

```
杜書伍總裁：
・要晉升中、高階主管的人才，必須能夠有
          ↓
      「管大事」的能力
          ↓
   發揮中、高階主管的真正價值
```

二、必須有「強大責任感」及「積極、主動、負責」的人

杜書伍總裁要求：

（一）集團要晉升的任何人才，必須確實做到：

1. 對自己的工作及對自己部門的工作，務必要有「強大責任感」，絕不可以任意推卸責任、躲避責任、無視責任，那就是一個不負責任的人，怎可晉升呢？
2. 對自己週邊及跨部門合作的事情，一定要能做到「積極、主動、負責」，千萬不能被動、消極。

圖54-2

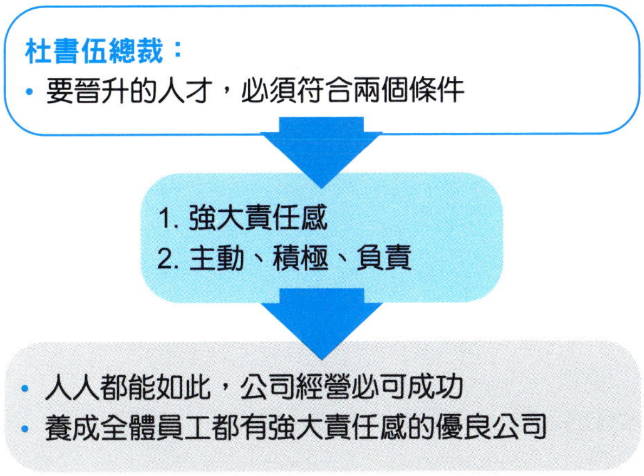

杜書伍總裁：
- 要晉升的人才，必須符合兩個條件

1. 強大責任感
2. 主動、積極、負責

- 人人都能如此，公司經營必可成功
- 養成全體員工都有強大責任感的優良公司

三、要晉升主管的人才，必是「能夠帶領一群人去共同完成任務」的優秀人才

杜書伍總裁指出：

（一）要晉升基層、中階、高階主管的人才，最重要任務，就是要「能夠帶領一群人去共同完成任務」。

（二）所以，各級晉升主管必須具備3種能力：
　　　1. 自己的本身專業能力夠。
　　　2. 管理能力夠。
　　　3. 領導能力夠。

圖54-3

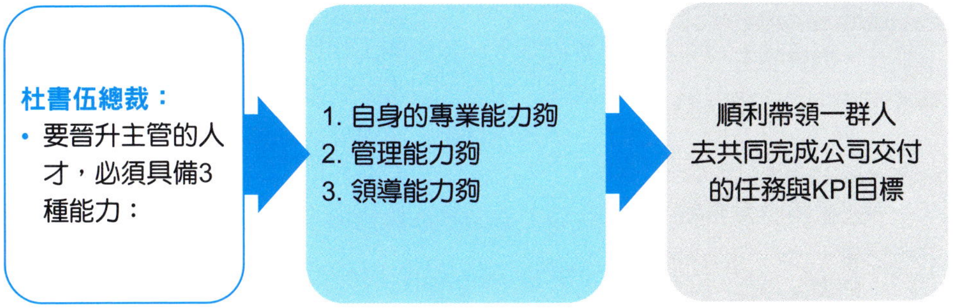

杜書伍總裁：
- 要晉升主管的人才，必須具備3種能力：

→

1. 自身的專業能力夠
2. 管理能力夠
3. 領導能力夠

→

順利帶領一群人去共同完成公司交付的任務與KPI目標

四、除重視 IQ（專業能力）外，更要重視他的「人格特質」

杜書伍總裁強調：

（一）有些人 IQ（智力）很高，專業能力也很強；但人格特質就不行，這種人也不能晉升提拔為主管職。

（二）人格特質是指一個人的工作態度、價值觀等性格特質，反映出一個人的主動性、自制力、理性程度、溝通力、待人謙虛度、勤奮力、積極性及與他人的人際關係等。

圖54-4

杜書伍總裁：
- 要晉升的人才，除重視他的IQ（智力）（能力）外，更要重視他的

↓

「人格特質」

↓

- 人格特質可反映出他在「做人、做事」上的特性；例如：
1. 主動性
2. 積極性
3. 自制力
4. 理性程度
5. 謙虛度
6. 溝通力
7. 勤奮度
8. 與他人的人際關係度

五、要晉升的人才，必須是能夠「完成預算目標」的優秀人才

杜書伍總裁強調：

（一）每年年終，各個單位都會設定下一年度的工作目標，並預估達成目標所須投入的各項人力、物力資源；期望能以最少的資源投入，創造出最好的成果；此即「預算制度」。這是有計劃、有目標的企業經營非常重要的一項制度。

（二）本集團要晉升的人才或主管，必須是能夠如期「完成預算目標」的優秀人才。

圖54-5

杜書伍總裁：
• 要晉升的人才或主管，必須能夠

↓

「完成年度預算目標」的優秀人才

↓

每年都能如期「完成年度預算目標」，公司營運績效就步入能穩定成長及穩固發展的良好狀態

六、要晉升的人才，必須是能夠「積極自我挑戰型」的優良人才

杜書伍總裁指出：

（一）具備「積極自我挑戰型」的優良人才，必會設定較高、較有難度的目標，並全心全力以赴去努力、用心、決心達成這些高目標。

（二）杜書伍表示：這類人才的能力會不斷提升，同時會對組織帶來很大的貢獻及助益，是最值得公司大力培養及拔擢的優良人才。

圖54-6

杜書伍總裁：
• 要晉升的人才，必須是能夠

↓

「積極自我挑戰型」的優秀人才

↓

• 自我提高目標，全力以赴，決心達成這些高目標與高挑戰
• 這些人才對公司貢獻很大，更要培養及拔擢

七、要晉升的人才，必須是能「主動學習」的優良人才

杜書伍總裁表示，當環境的變化愈來愈快，學校所學的知識或技能，絕對無法應付長達一個上班族三十年的職涯；所以，「活到老學到老」，「終身學習」「主動學習」，「不斷學習」的人，才不會被淘汰，才能順利被提拔晉升，也才能對公司做出更大貢獻。

圖54-7

杜書伍總裁：
・要晉升的人才，必須是能夠

↓

・「主動學習」
・「終身學習」
・「不斷學習」

↓

・才不會被淘汰掉
・才會對公司做出更大貢獻

八、要晉升的人才，必須同時具備兩項技能：「規劃能力」+「執行能力」

杜書伍總裁指出：

（一）集團內，要晉升的人才，必須同時具備重要兩項技能；一個是他的「規劃能力」，另一個是他的「執行能力」，這是相輔相成的一個「組合能力」。

（二）「規劃能力」，是指他是否能具備良好的思考力、想像力及完整力。

（三）「執行能力」，則是指他是否真能依照所規劃內容及作法，加以落實實踐它。

圖54-8

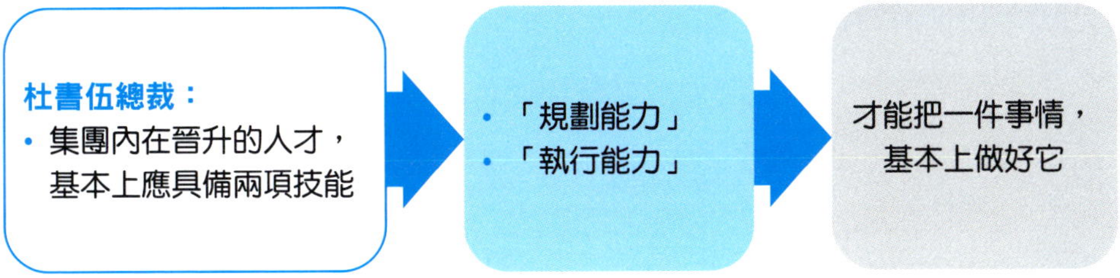

杜書伍總裁：
- 集團內在晉升的人才，基本上應具備兩項技能

→ 「規劃能力」、「執行能力」

→ 才能把一件事情，基本上做好它

九、要晉升的人才，必須兼具「思考力」＋「宏觀力」

杜書伍總裁認為：

（一）「思考力」，就是指當員工碰到問題來請示時，主管不要立即給答案，而要讓部屬多多「獨立性思考」，想出可能的解答，如此，部屬才會「自己成長」，這也是很重要的訓練過程。

（二）「宏觀力」，則是指員工對一個問題、一個事件、一個作法及一個思考，必須具有「宏觀」的想法及作法，必須從廣度、高度、深度及遠度多著墨，才不會被「窄化」。

圖54-9

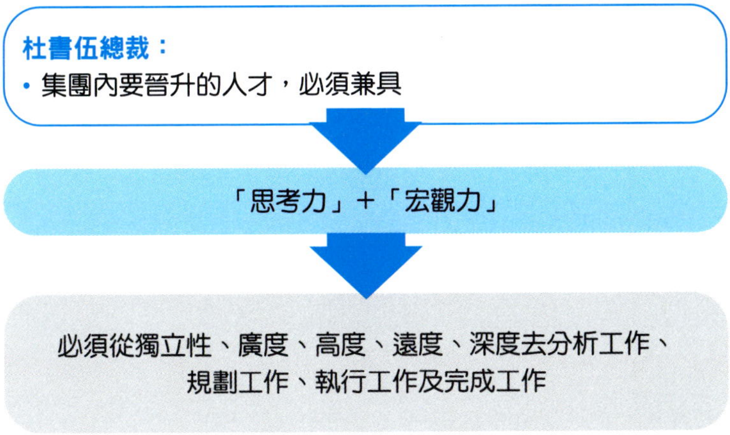

杜書伍總裁：
- 集團內要晉升的人才，必須兼具

↓

「思考力」＋「宏觀力」

↓

必須從獨立性、廣度、高度、遠度、深度去分析工作、規劃工作、執行工作及完成工作

MEMO

第三篇
總結歸納

總結歸納

一、上班族成功晉升的「人格特質面」條件

1. 人品夠好、品德夠好。

2. 能讓長官放心及信賴。

3. 具備主動、積極性。

4. 要能善待部屬，與部屬共同分享利潤。

5. 要能終身學習、與時俱進。

6. 要懂得適時向長官或老闆自我爭取而得來的。

7. 有時候，必須借助向外跳槽，才能晉升成功。

8. 必須在公司內待得夠久。

9. 要能與他人團隊合作的人。

10. 要能任勞任怨的人。

11. 千萬不要當面頂撞你的上級長官，這樣會得罪他。

12. 不要在背後隨便批評你的直屬長官。

13.
1要確實做到無私、無我、無派系。

14.
要能講真話,不能報喜不報憂。

15.
對自己的工作及公司所處行業要永保熱忱。

16.
要夠謙虛、勿驕傲。

17.
要能以誠待人,做人比做事更重要。

18.
要儘可能的服從你的長官。

19.
不要老是做唯唯諾諾的人,要有一點主見。

20.
要能聽得進去部屬們的好意見、好作法。

21.
任何開會,都要準時到會,切不可遲到。

22.
要協助部屬們遇到的工作困難點。

23.
要讓部屬們真心跟隨你。

24.
勿散播公司的八卦小道消息。

25.
要對長官及公司有100%的忠誠度、忠心度。

第3篇

總結歸納

153

總結歸納

二、上班族成功晉升的「工作表現面」條件

1. 要對公司有重大戰功及長期貢獻。

2. 個人的基本專業能力要夠好。

3. 在公司，要有貴人相助。

4. 要具備管理能力及領導能力。

5. 自己要能不斷成長、不斷進步。

6. 要具備卓越的創新力、創造力。

7. 要經常性達成長官交待的任務及專案。

8. 要能提前做好預備計劃，隨時都能快速應變。

9. 要具備強大執行力，使命必達，順利達成目標。

10. 要有遠見、要能高瞻遠矚、要能布局未來。

11. 對公司要有高度認同感及忠誠度。

12. 要具備向上目標的挑戰心。

13. 要能帶動公司未來成長動能。

14. 要能下正確決策能力。

15. 要培養好自己晉升後你的接班人，勿使工作中斷掉。

※讀者們可評估自己做到哪幾點，或是各企業主管們，也可評估想拔擢的人才，是否符合哪幾點，可參考看看。

國家圖書館出版品預行編目資料

超圖解人才晉升指南：上班族成功晉升關鍵38堂必修課/戴國良著. -- 一版. -- 臺北市：五南圖書出版股份有限公司，2025.07
　面；　公分
ISBN 978-626-423-500-6(平裝)

1.CST：職場成功法

494.35　　　　　　　　114007205

1FAZ

超圖解人才晉升指南
上班族成功晉升關鍵38堂必修課

作　　　者	戴國良
編輯主編	侯家嵐
責任編輯	侯家嵐
文字編輯	陳威儒
封面完稿	姚孝慈
排版設計	張巧儒
出　版　者	五南圖書出版股份有限公司
發　行　人	楊榮川
總　經　理	楊士清
總　編　輯	楊秀麗

地　　　址：106台北市大安區和平東路二段339號4樓
電　　　話：(02)2705-5066　　傳　　真：(02)2706-6100
網　　　址：https://www.wunan.com.tw
電子郵件：wunan@wunan.com.tw
劃撥帳號：01068953
戶　　　名：五南圖書出版股份有限公司

法律顧問　林勝安律師

出版日期　2025年 7 月初版一刷

定　　價　新台幣 320 元

※版權所有‧欲利用本書內容，必須徵求本公司同意※

經典永恆・名著常在

五十週年的獻禮——經典名著文庫

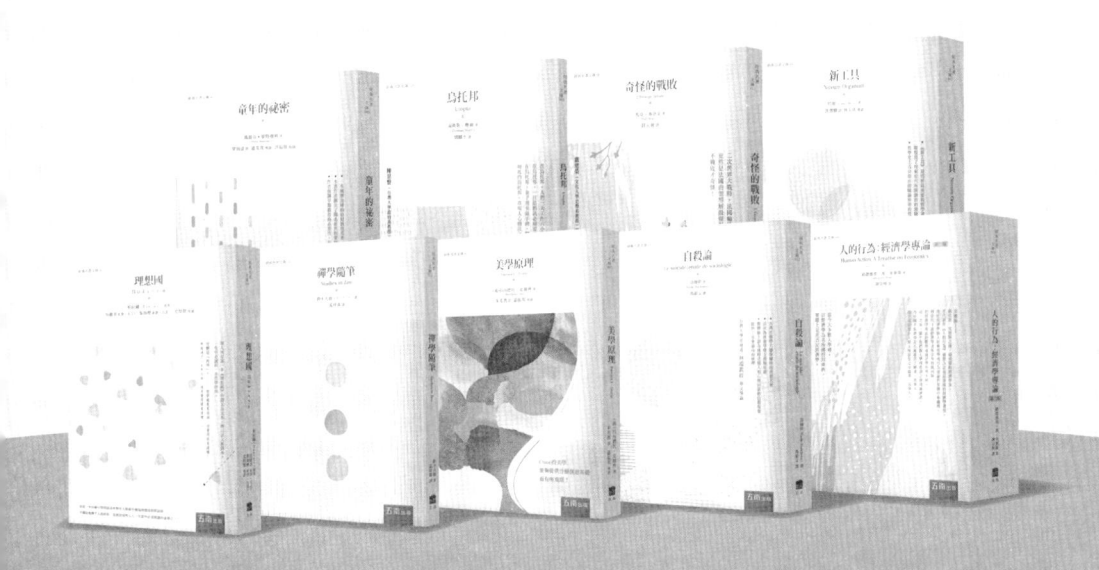

五南，五十年了，半個世紀，人生旅程的一大半，走過來了。
思索著，邁向百年的未來歷程，能為知識界、文化學術界作些什麼？
在速食文化的生態下，有什麼值得讓人雋永品味的？

歷代經典・當今名著，經過時間的洗禮，千錘百鍊，流傳至今，光芒耀人；
不僅使我們能領悟前人的智慧，同時也增深加廣我們思考的深度與視野。
我們決心投入巨資，有計畫的系統梳選，成立「經典名著文庫」，
希望收入古今中外思想性的、充滿睿智與獨見的經典、名著。
這是一項理想性的、永續性的巨大出版工程。
不在意讀者的眾寡，只考慮它的學術價值，力求完整展現先哲思想的軌跡；
為知識界開啟一片智慧之窗，營造一座百花綻放的世界文明公園，
任君遨遊、取菁吸蜜、嘉惠學子！